ubu

POLÍTICAS DA IMAGEM
VIGILÂNCIA E RESISTÊNCIA NA DADOSFERA

GISELLE BEIGUELMAN

9   *Apresentação*

17 **1. Olhar além dos olhos**
23 Outros cinemas na aurora do cinema
36 Fantasmas e canibais
45 Do banal ao radical

53 **2. Dadosfera**
57 O que vemos nos olha
68 Estéticas da vigilância
78 Biopolíticas porosas

85 **3. Ágora distribuída**
97 A cidade como interface
102 Claustrofobia de massa

123 **4. Eugenia maquínica**
128 Racismo algorítmico
135 Inteligências artificiais são reais

143 **5. Memória botox**
153 O futuro das rugas
161 O futuro das ruínas

169 **6. Políticas do ponto br ao ponto net**
175 Retóricas visuais da Memeflix nacional
191 Necropolíticas do caos
195 Janelas do Capitaloceno, visões do Chthuluceno

213 Índice onomástico
219 *Sobre a autora*

*Aos meus alunos,
por me pedirem respostas às perguntas que nunca fiz.*

APRESENTAÇÃO

Desde a finalização deste livro, no começo de 2021, transformações importantes ocorreram na nossa experiência das imagens. A explosão global do TikTok e a popularização dos sistemas de criação de imagens a partir de textos são as principais. Ambas remetem ao impacto da inteligência artificial (IA) na produção e circulação de imagens, apontando para outras questões do olhar e do que fica além dos olhos, temas do primeiro ensaio de *Políticas da imagem*.

O TikTok é a mais maquínica das redes e, não por acaso, a primeira coisa que oferece ao seu público é o botão "For You", em que o aplicativo decide, a partir de seus prognósticos de inteligência artificial, os vídeos que seus usuários supostamente gostariam de ver. No tsunami de imagens que se seguem na tela e produzem um efeito anestésico, o *lurker* – termo comum nos anos 1990 para designar o indivíduo que apenas observava os debates dos fóruns e listas de discussão sem participar – deixa de ser um personagem lateral da cultura das redes para ganhar protagonismo. Definitivamente, não é preciso fazer nada no TikTok. Consumir imagens basta. Não é um lugar para comentários e "textões". Talvez por isso esse aplicativo seja o ícone da cultura das redes atual.

Fenômeno de mercado e audiência jovem, é uma rede de solitários. Não espanta que tenha dobrado sua audiência no período pandêmico, chegando em setembro de 2021 a 1 bilhão de usuários ativos. Cresceu 45% em um ano, entre 2020 e 2021, tornando-se "o lugar para estar" durante o isolamento social. Esse sucesso de público explica a aderência de outras redes, como o Twitter e o Instagram, ao regime de recomendações que caracteriza o TikTok, em detrimento do movimento do *feed* que, como sabemos, é inteiramente orientado para a profilagem dos usuários, condicionando suas escolhas a bolhas algoritmicamente filtradas, conforme discuto no segundo ensaio deste livro.

Contudo, no caso do aplicativo da ByteDance, a empresa proprietária do TikTok, as recomendações e a captura no fluxo pré-programado das sequências de imagens são praticamente uma imposição. Tudo indica que o futuro é TikTok. Entre outros marcos da TikTokização das redes está justamente a consolidação de um estado Poltergeist de ser. Como nesse filme de 1982, em que a pequena protagonista de cinco anos se comunicava com um fantasma que se manifestava pelo monitor de TV, somos tragados por um fluxo ininterrupto de vídeos. Ali, ninguém está preocupado em fazer "amigos" ou criar "comunidades", o que expande o regime de "claustrofobia de massa" sobre o qual falo no terceiro ensaio, com foco nas novas relações entre cidade e imagem.

O emergente protagonismo da China na cena atual da internet é um dos aspectos mais interessantes desse futuro; haja vista que esse aplicativo, o TikTok, é o primeiro a furar a muralha de bits do Vale do Silício. Acirram-se, nesse contexto, questões relacionadas a uma nova geopolítica, embarcada na territorialidade distribuída que emaranha os poderes políticos do Estado e das corporações. Mas tampouco é possível negar o imenso repertório audiovisual que vem atrelado a esse processo, com recursos de edição de vídeo que até bem poucos anos eram restritos a *experts* e a programas caríssimos. Da mesma forma, é preciso levar em conta o crescimento exponencial de *deepfakes*, um fenômeno particular da cultura das imagens das IAS que se abre para uma perigosa era de novos negacionismos históricos, tema abordado nos capítulos quatro e cinco. No entanto, nada do que aconteceu nesse curto período é equiparável à abertura de plataformas voltadas ao grande público baseadas em modelos de inteligência artificial desenvolvidos com "linguagem natural", como o ChatGPT, o DALL-E e o Midjourney. No caso dos dois últimos, basta a inserção de uma descrição textual para que poderosas IAS nos devolvam, em segundos, elaboradas imagens. A rapidez e a eficiência dessas traduções de texto para imagem ressuscitaram antigas polêmicas sobre quem é o autor da obra: o programa ou o artista. Vamos combinar que, pelo menos desde a invenção da fotografia, ficou claro que o binômio homem-máquina é constitutivo da arte contemporânea. O que obviamente não quer dizer que qualquer pessoa equipada com uma câmera fotográfica seja necessariamente um artista.

Outro debate ressuscitado pelo *buzz* em torno de programas que geram imagens a partir de textos é a dos direitos autorais, já que os programas permitem (e na verdade estimulam) especificar o mais detalhadamente possível o estilo que se deseja para suas imagens, podendo-se inclusive explicitar com que "assinatura estética" se deseja a imagem final. Os resultados ficam a anos-luz das suas referências, mas recolocar essa discussão, sessenta anos depois das *Brillo boxes* (1964) de Andy Warhol, soa um tanto anacrônico.

Com diferentes arquiteturas, plataformas *text-to-image* baseiam-se em modelos de aprendizagem de máquina que produzem imagens a partir de descrições feitas com o que se conceitua na área de inteligência artificial como "proces-

samento de linguagem natural" (Natural Language Processing
– NLP). A definição carrega uma inequívoca herança do pensamento colonialista e antropocêntrico, associando a linguagem textual à natureza, e a natureza ao humano. Esse caráter é tributário da própria definição de inteligência artificial como uma tentativa de mimetização dos humanos.

O que esses sistemas fazem é, basicamente, treinar os algoritmos para reconhecer imagens a partir do aprendizado do texto usado para descrevê-las. O processo baseia-se num método chamado de "difusão": o sistema começa pela identificação inicialmente aleatória de um padrão de pontos, e gradualmente aprende a reconhecer esse padrão em outra imagem. Isso é aplicado em milhões de imagens on-line a cada vez que se faz uma requisição no sistema, inserindo uma frase para compor uma nova imagem. Uma odisseia nada desprezível – e alguns artistas estão de fato criando imagens que não poderiam ser geradas de outras formas.

O segundo problema é mais complexo e remete à relação entre texto e imagem. Uma das passagens mais brilhantes da filosofia contemporânea é aquela em que Michel Foucault nos ensina:

> Não que a palavra seja imperfeita e esteja, em face do visível, num déficit que em vão se esforçaria por recuperar. São irredutíveis uma ao outro: por mais que se diga o que se vê, o que se vê não se aloja jamais no que se diz, e por mais que se faça ver o que se está dizendo por imagens, metáforas, comparações, o lugar onde estas resplandecem não é aquele que os olhos descortinam, mas aquele que as sucessões da sintaxe definem.[1]

[1] Michel Foucault, *As Palavras e as coisas: Uma Arqueologia das Ciências Humanas* [1966], trad. Salma Tannus Muchail. São Paulo: Martins Fontes, 1992, p. 25.

Nessa direção, tentar fazer a imagem coincidir com as legendas implica transformá-la em mero suplemento da escrita,[2] como se a imagem não fosse capaz de enunciar sentido. O retrocesso é notável, ignorando uma das viradas mais importantes da nossa época: a emergência da imagem-texto, um binômio que, na sua indissociabilidade, rompe as hierarquias entre esses termos, potencializando outra forma de linguagem.[3]

A direção para a qual apontam os novos sistemas de IA, que articulam a imagem ao campo do texto e vice-versa, indica que estamos realmente diante da possibilidade de uma outra mutação, em que a própria noção do que é texto e o que é imagem perderá sentido. Isso implica uma outra ecologia midiática, que considere também seu custo ambiental, como concluo no sexto e último ensaio deste livro.

Diante de mudanças tão significativas, como as que brevemente considerei neste espaço, quando fui informada pela Ubu sobre a nova edição de *Políticas da imagem*, meu primeiro impulso foi o de atualizar a obra com um novo ensaio. Relendo os capítulos, contudo, percebi que as questões de que poderia tratar neste momento haviam de certa forma sido contempladas, e que outras abordagens demandariam um recuo de tempo e uma bibliografia que todavia ainda não se consolidou no campo das humanidades digitais, muito embora a literatura técnica seja quase impossível de acompanhar, dada a sua intensidade.

Há uma profunda movimentação em curso e ela não é nada comparável ao ritmo que marcou a internet desde meados dos

---

2   Ver Jacques Derrida, *Gramatologia* [1967], trad. Miriam Schnaiderman e Renato Janine. São Paulo: Perspectiva, 1973, p. 178.
3   Ver Jacques Rancière, *O destino das imagens* [2003], trad. Mônica Costa Netto, Rio de Janeiro: Contraponto, 2012, p. 56.

anos 1990. Se as primeiras décadas foram as da esperança em uma sociedade do conhecimento e da inteligência distribuída,[4] que tiveram seu ápice com a definição das licenças Creative Commons em 2001, a consolidação das redes sociais estabeleceu o cotidiano 24/7 e a sociedade do cansaço.[5] Mas enquanto essas mudanças se processaram com alguns anos de intervalo, a experiência do coronavírus coincidiu com uma aceleração vertiginosa no campo da popularização das tecnologias e seu imbricamento a uma vida algoritmizada e mediada pelas IAS.

Decidi, nesse quadro, respeitar a dinâmica do que é um livro. Desdobrado por seus duplos (seus leitores, seus fragmentos em circulação e suas edições), ele já nasce desamarrado de uma identidade consigo mesmo assim que é publicado, como escreveu Foucault, no prefácio à segunda edição do seu *História da loucura*. Mantive, por isso, a obra na íntegra, com os mesmos seis ensaios que discutem diferentes aspectos das políticas da imagem na contemporaneidade, enfatizando seus vínculos com as novas tecnologias, como a inteligência artificial e as práticas artísticas e ativistas.

Nestes ensaios, retomo considerações e trechos publicados em revistas que editei e com as quais colaborei: a saudosa *Trópico*, dirigida por Alcino Leite Neto no UOL, a revista *seLecT* e minha coluna na revista *Zum*, entre outros artigos acadêmicos diversos. Revisito, também, obras anteriores, como *Futuros possíveis: Arte, museus e arquivos digitais* (Peirópolis / Edusp 2014),

[4] Manuel Castells, *A sociedade em rede* [1996], trad. Roneide Majer colab. Klauss Gerhardt. São Paulo: Paz & Terra, 1999 e Pierre Lévy. *O que é o virtual?*, trad. Paulo Neves, São Paulo: Editora 34, 1996.
[5] Jonathan Crary, *24/7: Capitalismo tardio e os fins do sono* [2013], trad. Joaquim Toledo Junior, São Paulo: Ubu Editora, 2016 e Byung-Chul Han, *Sociedade do cansaço* [2010], trad. Enio Paulo Giachini, Petrópolis: Vozes, 2015.

Memória da amnésia: Políticas do esquecimento (Edições Sesc, 2019) e *Coronavida: Pandemia, cidade e cultura urbana* (Escola da Cidade, 2020), mas enfocando as imagens e suas relações com os formatos de criação, distribuição e controle que se interpõem aos processos de digitalização da cultura.

Algumas das ideias elaboradas ao longo de *Políticas da imagem* aparecem em projetos artísticos que venho desenvolvendo desde o começo dos 2000. Muito embora eu não os analise neste livro, é em torno deles que várias das discussões gravitaram originalmente. Acredito que a arte seja uma forma de pensar o mundo e um exercício de tensionamento do real. Por isso, as reflexões deste livro dialogam com obras de artistas / pensadores de Eisenstein a Antonioni, de Rejane Cantoni e Lucas Bambozzi a Harun Farocki, passando por Adam Harvey e Trevor Paglen, entre muitos outros.

Cada um dos ensaios aborda um tema específico, analisando as transformações do olhar, as estéticas da vigilância, a vida urbana mediada por imagens, as novas formas de exclusão – como o racismo algorítmico –, a cultura da memória do tempo do digital e a pandemia das imagens do coronavírus no Brasil e no mundo. Contudo, compartilham um pressuposto comum: as imagens tornaram-se as principais interfaces de mediação do cotidiano. Ocupam a comunicação, as relações afetivas, a infraestrutura e os corpos via sistemas de escaneamento e aplicativos diversos. Ao falar em políticas da imagem, portanto, não estamos falando apenas das associações entre política e imagem, mas também da sua conversão em um dos principais campos das tensões e disputas da atualidade, onde se cruzam poderes, devires, narrativas e resistências da dadosfera.

Giselle Beiguelman,
São Paulo, fevereiro de 2023.

1
OLHAR ALÉM
DOS OLHOS

politicasdaimagem.ubueditora.com.br|capitulo-1

Blade Runner (1982), de Ridley Scott, entrou para a história do cinema e do imaginário coletivo colocando em pauta uma Los Angeles distópica, chuvosa e sombria, marcada pela assimetria de poder entre replicantes e humanos. Nesse mundo, carros voadores, prédios altíssimos e painéis eletrônicos gigantescos davam o tom de previsão do que seria a paisagem urbana no século XXI. Exceto pelos carros voadores, a projeção se confirmou. Esses elementos se repetem na continuação do filme, *Blade Runner 2049* (2017), de Denis Villeneuve, mas se atualizam e se acentuam. Entram na pauta a popularização da engenharia genética e novas formas de relacionamento afetivo entre humanos e *escort girls* digitais, encarnadas (na falta de palavra mais precisa) na personagem Joi (Ana de Armas). Misto de aplicativo e holografia, Joi se apresenta com o sugestivo slogan "Tudo o que você quer ouvir. Tudo o que você quer ver". Par romântico de K (Ryan Gosling), o Blade Runner da vez, Joi é muito mais que uma versão futurista das bonecas infláveis. Ela é o futuro das imagens.

    Isso fica claro quando K, andando desolado pela rua, encontra sua namorada-aplicativo estampada em um painel eletrônico enorme, do qual ela sai, holograficamente linda, para conversar com ele. Momento que repete uma série de cacoetes misóginos da relação entre os dois, do ponto de vista da história do audiovisual, é um anúncio do que podemos esperar para nossa relação com as imagens. Imagens expandidas, para além das telas, e que mobilizam o corpo na sua integralidade, sem se limitar aos olhos, ocupando a cidade.

A cena traça um inequívoco paralelismo com a versão de 1982, quando uma misteriosa *geisha* aparece engolindo pílulas em uma megatela de LED. Ficcional para a época, esse tipo de tela se tornou um acessório recorrente da paisagem contemporânea. Não seria exagero pensar que as holografias "vivas" do filme mais recente também o serão. Mas não é apenas como indicativo da presença da imagem em escala urbana que esse momento é importante. É também como prenúncio de outro olhar e de outra forma de ver o mundo. Rompe-se aí com o pressuposto da separação dos sentidos e da autonomia da visão em relação ao corpo, um dos marcos da reorganização da subjetividade e da vida, que ocorrem no processo de consolidação do capitalismo industrial e da urbanização do século XIX.[1]

É nesse contexto que se constitui a sociedade disciplinar, conceituada pelo filósofo francês Michel Foucault (1926-84).[2] A industrialização, a cidade moderna e a formação dos Estados nacionais são pautadas por novas demandas, que impõem novas regras para que os corpos operem com a velocidade, a eficiência e os padrões de comportamento que o trabalho e o espaço urbano solicitam. Da escola à fábrica, passando pelo transporte coletivo, o exército e a rua, um conjunto de diretrizes passa a prescrever as formas de ocupar a cidade e normatizar o comportamento para a produção e o consumo. É o que Foucault chama de "corpos dóceis".[3]

---

1 Jonathan Crary, *Técnicas do observador* [1990], trad. Verrah Chamma. Rio de Janeiro: Contraponto, 2012.
2 Michel Foucault, *Vigiar e punir: Nascimento da prisão* [1975], trad. Raquel Ramalhete. Petrópolis: Vozes, 2009.
3 Ibid., p. 119.

O corpo é esquadrinhado por um conjunto de saberes emergentes, que vão da criminologia ao gerenciamento científico da produção, patentes nos estudos de eficiência do movimento do casal Frank Bunker Gilbreth (1868-1924) e Lillian Gilbreth (1878-1972) e nas práticas tayloristas de gestão do trabalho.[4] Nesse contexto, institui-se um repertório de regras de conduta, ancoradas em novas ciências de "datificação" do social e na criminalização da luta de classes.[5] Elas modelam a subjetividade e organizam a distribuição das pessoas no espaço.

Em consonância com o lugar social do sujeito, define-se, assim, o lugar do professor e o do aluno na sala de aula, o do general e o do soldado no campo de batalha, o do patrão e o do operário na fábrica, o do louco, no hospício, e o do normal, no espaço público, o do criminoso, na prisão, e o do "homem de bem" na rua. A cada um desses lugares correspondem uma postura, uma expressão facial, um membro por excelência que se destaca em relação ao corpo (a cabeça, o tronco ou as mãos), em conformidade com seu estatuto socioeconômico, cabendo à classe operária as dores físicas decorrentes dessas transformações.[6]

[4] Sobre os estudos do casal Gilbreth, ver Brian Price, "Frank and Lillian Gilbreth and the Manufacture and Marketing of Motion Study, 1908-1924". *Business and Economic History*, n. 2, v. 18, 1989, pp. 88-98. Para uma apresentação detalhada dos métodos de gestão científica do trabalho de Taylor, ver Christine Cooper e Phil Taylor, "From Taylorism to Ms Taylor: The Transformation of the Accounting Craft". *Accounting, Organizations and Society*, n. 6, v. 25, 1 ago. 2000, pp. 555-78.
[5] Carlo Ginzburg, "Sinais: Notas de um paradigma indiciário", in *Mitos, emblemas, sinais* [1986], trad. Federico Carotti. São Paulo: Companhia das Letras, 1989, pp. 143-80.
[6] Maus-tratos e abuso de menores e mulheres são recorrentes no cenário fabril das primeiras décadas do século XX. Em um país com matrizes escravagistas como o Brasil, a violência física contra os operários

A modernidade se impõe a partir de políticas do corpo e, no processo de adequação ao trabalho nas fábricas e à vida burguesa, reorganiza-se também o olhar.[7] Por um lado, o crescimento das cidades, a emergência da mobilidade entre a casa e o trabalho e a multiplicação dos serviços e produtos impõem novos desafios comunicacionais orientados para a informação e o consumo, que estão na base dos primórdios do design gráfico.[8] Por outro, constitui-se uma série de técnicas para administrar a atenção e adestrá-la para o trabalho, que desvincula o tato da visibilidade.

Enunciada na vitória da fotografia sobre a estereoscopia, essa desvinculação implica uma transformação radical no olhar, para muito além de uma simples substituição de tecnologia de imagem por outra. Afinal, a supressão do contato físico com as coisas, como constitutivo da visão, "significou deslocar o olho da rede de referenciais encarnados na tatilidade e na sua relação subjetiva com o espaço percebido".[9]

Poucos momentos da história do cinema explicitam tão bem a política disciplinar dos corpos como a famosa cena em que Carlitos, em *Tempos modernos* (1936), leva a produção fabril a um quase colapso. Desajustado da linha de montagem, exausto, ele tem um surto e sua rebeldia se expressa na liberdade que dá ao seu corpo. Dançando, ele ocupa as máquinas, apropria-se

---

é norma. Não por acaso, as condições sub-humanas do trabalho estão na base da maior parte das greves que ocorrem na cidade de São Paulo, então o seu centro industrial. A esse respeito, ver Paula Beiguelman, *Os companheiros de São Paulo: Ontem e hoje*, 3ª ed. aum. São Paulo: Cortez, 2002, pp. 17-123.
7   J. Crary, *Técnicas do observador*, op. cit., pp. 27-28.
8   Rafael Cardoso, *Uma introdução à história do design* [1999]. São Paulo: Blucher, 2008, pp. 46-57.
9   J. Crary, *Técnicas do observador*, op. cit., p. 28.

ludicamente das ferramentas, olhando o espaço como um lugar a ser vivido, descoberto, percebido não só pelos olhos, mas por todos os membros. O destino do personagem corresponde às formas de exclusão dos desviantes do sistema disciplinar: o hospital, a prisão, o desemprego. Na fábula triste do ilustre "vagabundo" descortinam-se não apenas as agruras dos rebeldes. Formulam-se as limitações semióticas, políticas e estéticas relacionadas à expulsão do corpo dos processos de visualização e de sua reorganização industrial. Essas limitações impactam a história das imagens técnicas, como definiu o filósofo Vilém Flusser (1920-91),[10] e se desdobram nas formas como lidamos com as imagens digitais, como se fossem superfícies bidimensionais, que nos resta contemplar ou, no máximo, clicar.

OUTROS CINEMAS NA AURORA DO CINEMA

Apesar de ser possível afirmar que qualquer forma de criação artística pressupõe a mediação de algum dispositivo tecnológico, nas imagens mediadas por máquinas, da fotografia à inteligência artificial (IA), as tecnologias são constitutivas de suas estéticas, não apenas se conjugando às ações humanas, como se

---

10 Para Flusser, as imagens técnicas são as imagens eletrônicas e digitais. Por serem constituídas por pixels, são "zerodimensionais", apesar de o suporte a que aderem ser bidimensional ou tridimensional. O desafio que impõem é o de transcender "o nível ontológico das imagens tradicionais", indo do "abstrato ao concreto". Vilém Flusser, O universo das imagens técnicas: Elogio da superficialidade. São Paulo: Annablume, 2008, pp. 15-18.

sobrepondo a elas na produção e nos processos de visualização.¹¹ Lugar particular no campo das imagens maquínicas é ocupado pelas imagens digitais.

Imagens digitais não são versões de imagens analógicas em outro suporte. O pixel, que muitas vezes é tomado como metáfora do grão e compreendido como uma medida, talvez seja o indicador que melhor traduz essa distância entre a imagem digital e o mundo físico. O menor ponto de uma imagem digital, ele é, porém, um elemento constitutivo da figura. Sua medida tem validade apenas contextual. Se no mundo físico vale a pegadinha "O que pesa mais, um quilo de chumbo ou um quilo de algodão?", no meio digital essa equivalência não existe. A resposta correta sobre o tamanho de um pixel é: depende. A resolução do monitor ou o lugar onde a imagem foi projetada determinará.

As imagens digitais são, sobretudo, mapas informacionais que contêm uma série de camadas, o que permite que sejam relacionadas entre si e com outras mídias, a partir de atributos matemáticos. São esses atributos que vão, por exemplo, relacionar determinada coordenada de uma imagem a um texto ou um comportamento (como um movimento ou ativação de escurecimento, por exemplo).¹² A despeito de sua presença em nosso cotidiano, boa parte do entretenimento de massa, com exceção da indústria de games, funciona sob os princípios que se conformaram no século XIX, sugerindo um mundo regido por uma

---

11 Arlindo Machado, "As imagens técnicas: Da fotografia à síntese numérica", in *Pré-cinemas e pós-cinemas*. Campinas: Papirus, 1997, pp. 220-35; Philippe Dubois, *Cinema, vídeo, Godard*, trad. Mateus Araújo Silva. São Paulo: Cosac Naify, 2004, pp. 33-66.

12 Para uma discussão das características técnicas da imagem digital, ver William Mitchell, *The Reconfigured Eye: Visual Truth in the Post Photographic Era* [1992]. Cambridge: MIT Press, 1994, pp. 59-86.

subjetividade introspectiva, que contempla imagens como se delas estivéssemos separados por uma linha divisória. Essa linha sugere a conformação de dois campos: o do que olhamos e o que é visto. E por mais que estejamos epistemologicamente confinados a esse regime de visão, é importante frisar que isso não é atávico ou natural da fisiologia humana. Corresponde a uma experiência histórica, na qual uma forma de fruição e percepção das imagens se impôs, em detrimento de outras. É nesse quadro que se pode compreender o cinema que se consolidou no século XX como uma das possibilidades em pauta, naquele momento, e não como decorrência natural de dispositivos ópticos dos séculos XVIII e XIX.

Os arqueólogos das mídias, com foco nas histórias das imagens,[13] são unânimes ao mostrar os equívocos de pensar uma história do cinema que estabeleça uma linhagem desse tipo. A esse respeito, Thomas Elsaesser (1943-2019) comenta que compreender essa história implica repensar a cultura visual, entendendo a multiplicidade de dispositivos ópticos da época da invenção do cinema não como seus precursores, mas como outras histórias que não a do cinema industrial.[14]

---

13 Entre os arqueólogos das mídias com foco nos estudos das imagens, destacam-se Erkki Huhtamo, *Illusions in Motion: Media Archaeology of the Moving Panorama and Related Spectacles*. Cambridge: MIT Press, 2013; Oliver Grau, *Arte virtual: Da ilusão à imersão*, trad. Cristina Pescador. São Paulo: Senac São Paulo, 2007; Friedrich A. Kittler, *Gramofone, Filme, Typewriter* [1999], trad. Daniel Martineschen e Guilherme Gontijo Flores. Belo Horizonte: Ed. UFMG, 2019; e Thomas Elsaesser, *Cinema como arqueologia das mídias* [2016], trad. Carlos Szlak. São Paulo: Ed. Sesc, 2018.

14 T. Elsaesser, *Cinema como arqueologia das mídias*, op. cit., p. 25.

Nessa direção, o teórico da arte digital Peter Weibel mostrou como as máquinas de visão oitocentistas deixam de se relacionar a uma arte da percepção, mobilizada pelos estudos da fisiologia e da psicologia experimental, para evoluir na direção de uma arte de imagens que descrevem o movimento.[15] Isso não quer dizer que a imagem em movimento passe a ser produzida sem levar em conta a percepção, mas sim que esses estudos migram da exploração da pluralidade de sensações possíveis diante do fenômeno cinematográfico para a do condicionamento do corpo e do olhar diante da imagem.

Como apontou o teórico da fotografia Jonathan Crary,[16] não se pode ignorar a centralidade do desenvolvimento da indústria da atenção/distração, que se configura no fim do século XIX. Isso conflui para o desenvolvimento de uma série de novos espaços e equipamentos de fruição, como o Kaiserpanorama (1883), uma espécie de *peep show* para ver estereoscopias, e de técnicas de síntese da imagem em movimento, como os experimentos de Eadweard Muybridge (1830-1904).

No primeiro caso, vinte e cinco espectadores sentavam-se cada um diante de um binóculo para ver as imagens, em volta de um grande cilindro de quatro metros e meio de diâmetro, que girava mecanicamente. Imobilizados diante do equipamento, os espectadores do Kaiserpanorama ensaiavam um

---

15 Peter Weibel, "The Intelligent Image: Neurocinema or Quantum Cinema?", in Jeffrey Shaw e Peter Weibel (orgs.), *Future Cinema: The Cinematic Imaginary After Film (Electronic Culture: History, Theory, and Practice)*. Cambridge: MIT Press, 2003, pp. 594-601.

16 J. Crary, *Suspensions of Perception: Attention, Spectacle, and Modern Culture* [1999]. Cambridge: MIT Press, 2001 [ed. bras.: *Suspensões da percepção: Atenção, espetáculo e cultura moderna*, trad. Tina Montenegro. São Paulo: Cosac Naify, 2013].

ritual que se tornaria comum nas salas de cinema, fundindo o adestramento da atenção e os espetáculos de entretenimento. No caso de Muybridge, a situação era outra. Uma série de experimentos de sínteses imagéticas cindiam as continuidades naturais entre tempo e movimento, por meio da reorganização de fotos sequenciais em intervalos contínuos. Seu trabalho, como é evidente desde o famoso estudo *The Horse in Motion* (1878), é exemplar "de um processo generalizado de dissociação entre a verossimilhança empírica e o 'efeito de realidade'", fundamental para disciplinar a percepção do espectador.[17]

Seguindo os princípios de autonomização da visão, em um processo paralelo ao que ocorre com a passagem da estereoscopia à fotografia, o cinema se desloca para o campo de máquinas que traduzem o movimento, em conformidade com os métodos preconizados por Étienne-Jules Marey (1830-1904) de "fotografar o tempo".[18] O resultado é o formato consolidado pela indústria de *motion pictures*. Ele opera "no nível da retina"[19] e baseado em um modelo narrativo linear, no qual a imagem é tratada como analogia do real, a traiçoeira "ilusão especular", discutida pelo pesquisador Arlindo Machado (1949-2020).[20] Esse aspecto é, aliás, um dos argumentos centrais do cineasta Martin Scorsese em *A invenção de Hugo Cabret* (2011) para fazer a crítica do sistema

---

17 Ibid, pp. 134-40.
18 Para uma descrição da pesquisa e dos objetivos de Marey que desembocaram na cronofotografia, ver Raimo Benedetti, *Entre pássaros e cavalos: Marey, Muybridge e o pré-cinema*. São Paulo: Sesi-SP, 2018, pp. 137-43.
19 P. Weibel, "The Intelligent Image: Neurocinema or Quantum Cinema?", in J. Shaw e P. Weibel (orgs.), *Future Cinema*, op. cit., p. 594.
20 A. Machado, *A ilusão especular: Uma teoria da fotografia*. São Paulo: Gustavo Gili, 2019.

hollywoodiano. Nesse filme, Scorsese contrapõe ao princípio do ilusionismo e da fantasia, característicos do cinema de Georges Méliès (1861-1938), o cinema naturalista, ao qual Méliès não sobrevive. Na contramão da "óptica unificada" desse cinema, que procura apagar os seus truques, Méliès exacerbava a presença dos dispositivos, por meio da composição de elementos animados pela justaposição dos recursos da câmera aos da projeção.[21]

Mas se esse processo atrofia o investimento nas máquinas de percepção, implica, por outro lado, uma nova gramática das imagens. Isso se dá pela construção, então inédita, dos planos cinematográficos que funcionam como unidades de sentido, passíveis de serem ordenadas para sugerir um caminho de "leitura" ao espectador. Fundamental para sua operação é a compreensão do cinema como arte da montagem, que alinhava no tempo ações que se passam em diferentes espaços para dar continuidade à narrativa.

O desenvolvimento dessa linguagem, no entanto, dependeu de um longo e lento aprendizado de uma codificação da cultura visual. Apesar de filmes como *Attack on a China Mission* (1900), de James Williamson (1855-1933), e *The Little Doctor* (1901), de George Albert Smith (1864-1959), explorarem o posicionamento de câmeras e recursos de montagem, será apenas a partir de *Intolerância* (1916), filme de D. W. Griffith (1875-1948), famoso não só pela maestria de composição de planos e contraplanos, como também pelo racismo e pelo moralismo protestante do sul dos Estados Unidos, que esses parâmetros narrativos se converterão

---

21 A esse respeito, ver John Frazer, "Le Cubisme e le cinéma de Georges Méliès", in Madeleine Malthête-Méliès (org.), *Méliès et la naissance du spetacle cinématographique*. Paris: Klincksieck, 1984, pp. 157-67.

em paradigmas do vocabulário cinematográfico.[22] Não cabe aqui recuperar as histórias do cinema, mas não se pode deixar de assinalar a variedade de outras possíveis tradições que estavam em pauta no início do século XX. Entre elas, destaca-se o conceito (e a prática) da montagem intelectual do cineasta soviético Sergei Eisenstein (1898-1948), que terá grande impacto muitas décadas depois na videoarte.

Eisenstein notabilizou-se por experimentos que dispensavam os enunciados verbais para recorrer àquilo que era nativo da arte cinematográfica: as fusões e metonímias imagéticas. Pioneiro na elaboração de uma narrativa baseada exclusivamente em imagens, investiu na montagem fundamentada no "conflito-justaposição de sensações intelectuais associativas".[23] Basta lembrar a célebre cena da carne infectada por vermes em *O encouraçado Potemkin* (1925), a partir da qual todas as motivações da Revolução Russa (1917) se explicitam, para compreender o conceito de montagem intelectual de Eisenstein. Em síntese, trata-se do cinema como campo do artifício, em contraposição ao cinema que se constrói pelo apagamento das fórmulas de elaboração de suas representações, como se fosse o próprio real.

Outros formatos em gestação no período que antecede a indústria cinematográfica tal qual a conhecemos são as apropriações da arte moderna da nova mídia da época. Difícil não pensar, a esse respeito, em obras como *Cinema anêmico* (1926), de Marcel Duchamp (1887-1968), ou a escultura *Light Prop for an Electric Stage* (1930), de László Moholy-Nagy (1895-1946). Projetos que

22 A. Machado, "A linearização da história", in *Pré-cinemas e pós-cinemas*, op. cit., pp. 100-13.
23 Sergei Eisenstein, *A forma do filme* [1949], trad. Teresa Ottoni. Rio de Janeiro: Jorge Zahar, 2002, p. 84.

operam nas fronteiras da pintura, com a escultura e o cinemático, indicam também as contaminações entre as artes visuais e as ciências relacionadas à percepção naquele período.

No caso de *Cinema anêmico*, de Duchamp, chama atenção a intermidialidade de um dos primeiros artistas a possuir uma câmera de filmar. Produzido por Man Ray (1890-1976), o filme, que ganhou projeção no campo das artes visuais e tem múltiplas interpretações, é também objeto de estudos sobre o cinema.[24] Nessa vertente, são notáveis os modos pelos quais Duchamp cruza formatos de projeção alternativos, como em espelhos, com recursos ópticos baseados no uso de discos de papel-cartão e textos. Tudo isso antecipava uma série de desconstruções que se tornam marcantes no cinema experimental dos anos 1950 e 1960. Contudo, é em Moholy-Nagy que procedimentos centrais para a compreensão das imagens na contemporaneidade são mais perceptíveis.

Moholy-Nagy trabalhava com o mote da visão em movimento, da integralidade entre corpo, mente, tecnologia e estética. Pressupunha, para isso, uma pedagogia da compreensão simultânea do sentir e do pensar, e não como fenômenos individuais. Para ele, o desafio da sua época era transformar a experiência do cotidiano em um exercício orientado para a prática "opticofonética", capaz de ver o som e ouvir imagens, na trilha

---

24 No que diz respeito às abordagens que relacionam *Cinema anêmico* às artes visuais, são célebres as de Rosalind Krauss em *Passages of Modern Sculpture*. New York: Viking, 1977; e em *Originality of the Avant-Garde and Other Modernist Myths*. Cambridge: MIT Press, 1986. Para uma revisão crítica das análises de Krauss e outras leituras que divorciaram essa obra de Duchamp dos estudos cinematográficos, ver Alexander Kauffman, "The Anemic Cinemas of Marcel Duchamp". *The Art Bulletin*, n. 1, v. 99, 2017, pp. 128-59.

do que propunha o artista Raoul Hausmann (1886-1971).[25] Algo que está contido nas premissas de *Light Prop for an Electric Stage*, escultura cinética que explorava as relações entre luz, transparência e movimento, em diálogo com as estéticas maquínicas, os novos materiais industriais e a percepção do espaço. Essas coordenadas, tão prementes nas primeiras décadas do século XX, tornaram-se laterais na história, conforme o cinema se consolidava como indústria. Ainda que, paradoxalmente, tenha sido o seu advento o elemento catalisador de uma gama de inquietações artísticas, foi só com o advento das tecnologias digitais de imagem que se tornaram centrais.

Para além das próteses de visão que procuravam transcender a capacidade humana, discutidas pelo filósofo Paul Virilio (1932-2018) em vários momentos,[26] estamos diante de um novo tempo da imagem. Nele prevalece a expansão da fotografia não humana, como denominou a pesquisadora Joanna Zylinska,

25 László Moholy-Nagy, *Vision in Motion*. Chicago: Paul Theobald & Co., 1947, p. 168. Sobre o *Octophone*, de Hausmann, e os seus desdobramentos na arte contemporânea, ver Graziele Lautenschlaeger, *Sensing and Making Sense: Photosensitivity and Light to Sound Translations*. Tese de doutoramento. Berlin: Humboldt-Universität zu Berlin, 2018, pp. 152-70.
26 A discussão das máquinas de visão e sua relação com a atrofia da consciência política é central na obra de Paul Virilio. Ao delegarmos aos dispositivos de imagem a percepção do espaço e a produção do tempo, distanciamo-nos do mundo, deixando a cargo de dispositivos de "tele-visão" o que seria feito pelo deslocamento do corpo no território. A esse respeito, ver Paul Virilio, *Guerra pura: A militarização do cotidiano* [1983], trad. Elza Miné e Laymert Garcia dos Santos. São Paulo: Brasiliense, 1984; id., *A máquina de visão* [1988], trad. Paulo Roberto Pires. Rio de Janeiro: José Olympio, 1994.; id., *A arte do motor* [1993], trad. Paulo Roberto Pires. São Paulo: Estação Liberdade, 1996; id., *Guerra e cinema* [1984], trad. Paulo Roberto Pires. São Paulo: Boitempo, 2005; id., *O espaço crítico* [1984], trad. Paulo Roberto Pires. São Paulo: Editora 34, 2014.

dominada pela produção com recursos não operados por humanos, como os satélites, e pelas imagens que são produzidas por máquinas para serem lidas por outras máquinas, como os populares QR-Codes e outros códigos de barras.[27] Esse imaginário não humano, porém, não exclui novos formatos de produção imagética que potencializam e revalidam o lugar do corpo no processo de produção das imagens, rompendo com a tirania retiniana da subjetividade moderna.

Os regimes de interação contemporâneos permitem compreender experiências de outra ordem, porque operam sistemicamente, com interfaces permeáveis e variáveis. Pressupõem, nessa perspectiva, um participante ergódico, como chamou o estudioso de videogames Espen Aarseth, capaz de operar um trabalho de configuração física e mental, a fim de se deixar interiorizar pela própria imagem-acontecimento e compreender as regras de interação com o objeto com que se relaciona.[28] Por essas prerrogativas, colocam em jogo formas de percepção que reconfiguram as relações do olhar, dos modos de ver e de sermos vistos.

Todo um rearranjo industrial evidencia a mutação do olhar. A começar pela popularização das telas de toque, a partir da criação do iPhone, em 2007, e dos consoles de jogos desde o Wii, lançado pela Nintendo em 2006. Esses produtos, comercializados em grande escala, evidenciam que o caminho para um olhar que se expande dos olhos a outras partes do corpo está no âmago da cultura digital contemporânea. Em conjunto, recolo-

---

[27] Joanna Zylinska, *Nonhuman Photography: Theories, Histories, Genres*. Cambridge: MIT Press, 2017.
[28] Espen J. Aarseth, *Cybertext: Perspectives on Ergodic Literature*. Baltimore: Johns Hopkins University Press, 1997.

cam a célebre frase "Veja com os olhos", que muitos ouviam na infância, em outro patamar. O correto seria dizer, de hoje em diante, "Veja com os olhos, olhe com o corpo todo". Mas a ruptura com os modelos de olhar instituídos no bojo da Revolução Industrial projeta também a possibilidade de transcender a figuração indicial, mimética, da produção tradicional de imagens.

A pretensão de criar identidades entre o mundo da imagem e o do real é um dos eixos de *Blow-up – Depois daquele beijo* (1966), do cineasta Michelangelo Antonioni (1912-2007). Uma das mais profundas discussões já feitas sobre a natureza e o lugar da imagem na cultura contemporânea, e sobre como lidamos com os fenômenos do visível e do invisível, *Blow-up* conta a história de um fotógrafo de moda, Thomas (interpretado por David Hemmings), que teria registrado, por acaso, um crime em um parque. Ao revelar suas fotos, surpreende-se ao ver nos arbustos o que parece ser um homem com uma arma e, mais tarde, um corpo. A investigação de Thomas sobre o suposto crime testemunhado é feita através de sucessivas ampliações dos registros fotográficos que captou acidentalmente. Nesse processo de ampliação, a foto desaparece e a imagem se impõe reduzida à sua materialidade: nitrato de grãos de prata sobre papel. Em outras palavras, a imagem não estava lá e Antonioni parece nos perguntar: o que você visualiza é o que você vê?

Thomas não conseguia interpretar imagens. Sua frivolidade permitia-lhe apenas ver fotografias enquanto superfícies planas. Ele confiava nos dispositivos técnicos como ferramentas meramente instrumentais, mas não conseguia lidar com a tecnologia como produção de percepção. Artistas como a dupla Rejane Cantoni e Leonardo Crescenti (1954-2018) notabilizaram-se por incursões nesse campo de reflexão que problematiza a tecnologia no horizonte de novos regimes do olhar e a imagem para além de suas capacidades miméticas. Em *Tubo* (2018),[29] por exemplo, eles exploram as possibilidades de fazer os visitantes imergirem simultaneamente em diferentes paisagens e temporalidades e ver a si e os outros dentro das imagens que produzem. A instalação artística consiste em um cilindro de madeira recoberto por espelhos, com três metros de diâmetro e cerca de catorze metros de comprimento, ao fundo do qual se projetam imagens do entorno urbano, gravadas ao longo de quatro dias. Ao entrar, apagam-se os limites entre o que está dentro e o que está fora, e o corpo entra em simbiose com a arquitetura e com os olhos. Enquanto nos movemos, projetamo-nos nos outros e nas superfícies espelhadas. A sensação é de flutuar, como se o chão e as paredes do lugar físico em que nos encontramos não existissem.

Coletivamente produzida, a imagem torna-se um lugar provisório, que subverte a referência do ponto de vista como norma organizadora do espaço. Anuncia um regime de visão pautado por um observador que é, a um só tempo, interior e exterior às imagens que produz e consome. Sistêmicas, além--tela e mediadas pelo corpo como um todo, essas imagens indicam algumas das possibilidades futuras de sua fruição.[30] Toda a expectativa de revolução da realidade virtual (RV) passa por aí.

---

29 Rejane Cantoni e Leonardo Crescenti, *Tubo*, 2018, disponível em: cantoni-crescenti.com.br/tube-about.

30 Outras obras importantes e pioneiras na experimentação com sistemas imersivos são *Les Pissenlits* (1998-2005), de Edmond Couchot, que possibilita ao espectador soprar um dente-de-leão projetado na tela e espalhar virtualmente suas pétalas, e *Sniff* (2009), de Karolina Sobecka, na qual interagimos com um cão que reage a nossa presença, desenvolvendo respostas afetivas. Para uma discussão dessas obras e outras relacionadas ao tema, ver Cesar Baio, *Máquinas de imagem: Arte, tecnologia e pós-virtualidade*. São Paulo: Annablume, 2015, pp. 146-54.

Isso porque a RV, como imagem imersiva e sistêmica, permite pensar em outro campo de produção dos sentidos. Nele, a experiência de compartilhamento não se reduzirá ao espaço físico da sala e da tela (ou ao confinamento dos óculos e displays de cabeça), como aconteceu com o cinema, e acontece com a realidade virtual no seu atual estágio técnico. De Joi, em *Blade Runner 2049*, a *Tubo*, de Cantoni e Crescenti, tudo indica que a imagem será tocável, porosa e produzida por um sujeito que olha, enquanto vê a si mesmo, de dentro da imagem. Ela se diferencia da imagem videográfica, nos moldes televisivos, por deixar de se comportar como uma linha divisória, que demarca o território do receptor e da mídia, para transformar-se em uma espuma. Essa espuma não deixa de separar o sistema de seu entorno, mas permite a permutação entre esses termos, de forma permeável e variável. "Isso quer dizer que, se sou o observador externo de um sistema, posso converter-me em parte do sistema no próximo entorno, e de um observador interno passar a observador externo."[31] Esse movimento indica uma ruptura essencial na história da visualidade. A passagem da cinematografia (a escritura do movimento) para uma opsiscopia (o olhar do olhar), ou a observação dos mecanismos de observação.[32]

Mas não estaria aí inscrita uma indicação de um mundo assombrado por imagens que, transitando initerruptamente por telas de todos os portes e formatos, sufocam a capacidade de reconhecer suas proximidades e distâncias com o real, até

---

[31] P. Weibel, "The Intelligent Image: Neurocinema or Quantum Cinema?", in J. Shaw e P. Weibel (orgs.), *Future Cinema*, op. cit., p. 596.
[32] Ibid., p. 594.

se tornarem invisíveis e anestésicas?[33] Que outras políticas do corpo estão em pauta nesse processo em que nos convertemos em fantasmas de nós mesmos?

FANTASMAS E CANIBAIS

O fantasma é uma figura ambivalente, que transita entre a presença e a ausência, o real e o virtual. Ocupa um lugar de destaque na história das imagens maquínicas. Oliver Grau e Jonathan Crary são alguns dos teóricos que mostraram a relação entre a fantasmagoria e os ilusionismos do século XIX.[34] O filósofo e historiador Georges Didi-Huberman sistematizou, em sua interpretação da obra de Aby Warburg, uma possibilidade de compreender a história da arte à luz das potências dos fantasmas das imagens. Esses fantasmas são as sobrevivências, as latências que reaparecem nas imagens por meio de "incons-

---

[33] Para a crítica Catherine David, que atualiza o conceito de sociedade do espetáculo, de Guy Debord, para o contexto da explosão da imagem eletrônica, o fim do século XX teria sido marcado por um contexto de "crise das imagens", relacionada a uma hemorragia visual de fotos e vídeos em trânsito contínuo. Descontextualizadas, essas imagens trafegam na publicidade e na indústria do entretenimento com tamanha intensidade que se tornam invisíveis e anestésicas. Catherine David, "Photography and Cinema", in David Campany (org.), *The Cinematic*. Cambridge: MIT Press, 2007, pp. 144-52.

[34] J. Crary, *Suspensions of Perception*, op. cit., pp. 251-55; Oliver Grau, "Remember the Phantasmagoria! Illusion Politics of the Eighteenth Century and Its Multimedial Afterlife", in Oliver Grau (org.), *MediaArtHistories*. Cambridge: MIT Press, 2007, pp. 137-78.

cientes do tempo", como denomina o autor.[35] Mas é o teórico brasileiro Erick Felinto quem situa o fantasma como chave de leitura para a cultura contemporânea, assombrada por fantasmas eletrônicos e digitais, "em que as imagens da tela possuem uma realidade mais intensa e vívida que a do nosso cotidiano".[36] Ganhando dimensões tridimensionais e multiplicando-se em canais on-line, como o Instagram e o TikTok, as imagens tornaram-se um dos espaços mais importantes de sociabilidade e comunicação do século XXI.

Não seria exagero afirmar que a cultura visual contemporânea é indissociável da produção imagética nas redes. Nunca se fotografou tanto como em nossa época. Em 2015, estimou-se que a cada dois minutos eram produzidas mais imagens que a totalidade das fotos feitas nos últimos 150 anos.[37] Essa era uma estimativa relativamente modesta, considerando-se que à época existiam 1 bilhão de dispositivos com câmera (entre os 5 bilhões de celulares ativos) e que cada um deles capturava cerca de três fotos por dia (ou mil por ano). Hoje já não é possível contar essa produção nem sequer em minutos. Em uma tarde de maio de 2021, mais de mil fotos por segundo eram disponibilizadas no Instagram.[38]

---

35 Georges Didi-Huberman, *A imagem sobrevivente: História da arte e tempo dos fantasmas segundo Aby Warburg* [2002], trad. Vera Ribeiro. Rio de Janeiro: Contraponto, 2013.
36 Erick Felinto, *A imagem espectral: Comunicação, cinema e fantasmagoria tecnológica*. Cotia: Ateliê, 2008, p. 125.
37 Rose Eveleth, "How Many Photographs of You Are Out There In the World?". *The Atlantic*, 2 nov. 2015, disponível em: theatlantic.com/technology/archive/2015/11/how-many-photographs-of-you-are-out-there-in-the-world/413389/.
38 Internet Live Stats, "1 second", disponível em: internetlivestats.com/one-second/.

A relevância desse fenômeno não é somente sua pujança quantitativa. São as transformações culturais e, portanto, qualitativas para as quais aponta. Os números, praticamente incontáveis, estão relacionados à popularização das câmeras. A essa popularização corresponde uma inédita multiplicação de sujeitos que passam a enquadrar e ser enquadrados nas telas, instaurando um processo de apropriação da imagem por novos perfis sociais que não tem precedentes.

Alteraram-se, com a digitalização da cultura e da ubiquidade das redes, os processos de distribuição de imagem e as formas de ver. Cada vez mais mediados por diferentes dispositivos simultâneos, esses regimes emergentes consolidaram novos modos de criar, de olhar e também de ser visto. Ambivalente, a nova cultura visual que se instaura com as redes oscila entre polos contraditórios. Nela estão contidas possibilidades de democratização do acesso ao audiovisual, novos regimes estéticos, superexposição, vigilância e formatos inéditos de padronização (da imagem e do olhar).

Desde o Renascimento, as imagens estiveram diretamente relacionadas a instâncias de classe, gênero e poder político, reservadas primeiramente a figuras sagradas, reis, aristocratas e papas e, depois, a políticos e burgueses abastados. Ao longo do século XX, as comunicações de massa expandiram o raio de quem podia se transformar em imagem publicada e passível até de ser arquivada. Mas é apenas no século XXI, com a câmera digital e a internet, que se pode falar em multiplicação e em diversificação em grande escala do espectro social e cultural dos registros imagéticos.

A tela foi canibalizada. Em todas as suas dimensões. Despejadas aos quaquilhões de bytes por segundo na internet, as imagens do século XXI tornam-se também espaços de sociabilidade. No YouTube, no Instagram, no TikTok ou no que vier, outros regimes estéticos fluem. Não são os regimes consolidados nas escolas de cinema e de artes e rompem cânones de estilo e mercado. Todo um outro paradigma de consumo e produção está se montando e evidenciando que as imagens deixaram de ser planos emolduráveis. Transformaram-se nos dispositivos[39] mais importantes da contemporaneidade, espaço de reivindicação do direito de projeção do sujeito na tela, subvertendo os modos de fazer (enquadrar, editar, sonorizar), mas também os modos de olhar, de ser visto e supervisionado.

O protagonista dessa história é o celular dotado de câmera e com acesso à internet. Foi ele o responsável por converter a câmera de dispositivo de captação em um dispositivo de projeção do sujeito.[40] Projeção pessoal que tem destino certo: as redes sociais e os grupos interpessoais do WhatsApp. E é nessa alquimia que nos tornamos fantasmas de nós mesmos.

Os impactos são notáveis, conforme vai se tornando comum um modo de vida mediado pelas lentes, em que tudo pode ser registrado e postado, antes mesmo até de ter sido vivido, como se a documentação pudesse prescindir do fato e da expe-

---

[39] Entende-se dispositivo aqui não como instrumento, mas no seu sentido filosófico, como "um conjunto heterogêneo, linguístico e não linguístico, que inclui virtualmente qualquer coisa no mesmo título: discursos, instituições, edifícios, leis, medidas de segurança, proposições filosóficas etc.". Em uma frase: "Um conjunto de práticas e mecanismos". Giorgio Agamben, "O que é um dispositivo?", in *O que é o contemporâneo? e outros ensaios*, trad. Vinicius Nicastro Honesco. Chapecó: Argos, 2019, pp. 29 e 35.

[40] Para uma discussão sobre a conversão da câmera de dispositivo de captação em dispositivo de projeção, ver Hito Steyerl, "Proxy Politics: Signal and Noise". *e-flux*, n. 60, dez. 2014, disponível em: worker01.e-flux.com/pdf/article_8992780.pdf.

riência das coisas. A câmera parece justificar o estar no lugar e em cena.

E não era isso que já se anunciava em abril de 2007, no massacre perpetrado na Universidade da Virgínia? Naquele dia e naquele local, o estudante Cho Seung-Hui matou 32 pessoas. Antes disso, porém, tomou todos os cuidados para produzir um *press kit* mórbido, com depoimentos em vídeo, fotos e textos que supostamente explicavam seu crime. Postou tudo na internet e enviou pelo correio a uma grande rede de TV americana. Terminado o massacre, suicidou-se.[41] O assassinato de oito estudantes na Finlândia, pouco tempo depois, em 7 de novembro de 2007, postado e anunciado no YouTube com antecedência,[42] veio coroar os indicativos de uma sociopatia emergente: a possibilidade de a história ser documentada antes mesmo de os fatos terem ocorrido.

Não se trata aqui de discutir a espetacularização da violência e associá-la a um suposto atavismo tecnológico, que relaciona o "excesso de informação" agenciado pela internet a desvios de comportamento. Primeiramente, porque essa relação é falsa. O casamento entre crime e mídia não é novidade, nem exclusividade da web. No Brasil, já assistimos pela TV a momentos de agonia durante o sequestro do ônibus 174 no Rio de Janeiro, em 12 de junho de 2000, que resultou na morte de uma refém e do sequestrador. Vimos também, em agosto de 2001, o apresentador e dono do SBT, Silvio Santos, negociando por horas com o sequestrador de sua filha Patrícia Abravanel,

---

41 M. Alex Johnson, "Gunman Sent Package to NBC News", *NBC News*, 19 abr. 2007, disponível em: nbcnews.com/id/wbna18195423.

42 "Autor do massacre na Finlândia queria incendiar a escola", G1, 8 nov. 2007, disponível em: glo.bo/3pBjxZ9 .

Fernando Dutra Pinto, que exigiu a presença da imprensa e até do então governador do estado, Geraldo Alckmin, para garantir sua sobrevivência.

Em segundo lugar, porque a hipótese de que exista um estado de excesso de informação apenas calibra uma aspiração conservadora, que pressupõe ser necessária uma hierarquia de poder intelectual, para filtrar e entregar o conteúdo. O problema, portanto, não é descobrir como limitar a quantidade de informações, mas sim como ampliar, cada vez mais, o volume qualitativo do conteúdo midiático e cultural que circula na internet e fora dela.

É sintomática dessa vertigem do "pré-acontecimento" a reação de uma aluna da Universidade do Norte de Illinois, onde, em 14 de fevereiro de 2008, um rapaz matou quatro pessoas, feriu dezessete e se suicidou. De acordo com o que foi noticiado pela *Folha de S.Paulo*, ela teria dito: "Olhei para a menina que estava do meu lado e perguntei: 'Será que isso é real? Acho que o professor está brincando'".[43]

Em uma semana em que esse havia sido o quinto ataque com arma de fogo nos Estados Unidos, dos quais quatro ocorreram em escolas, o testemunho da aluna lembra um desconcertante filme de David Cronenberg, *existenz* (1999). Nesse filme, que retrata o teste de um videogame (o existenz) por um grupo, os personagens são conectados ao jogo por um dispositivo que é ligado ao próprio corpo. Ao longo da narrativa, vivem a angústia da perda de limites entre suas vidas de avatares e a existência humana, sem saber se estão no universo do jogo ou no de suas vidas no mundo do qual vieram. Em *Black Mirror*, uma das

---

[43] "Atirador mata 5 alunos e se suicida nos EUA". *Folha de S.Paulo*, 15 fev. 2008.

séries mais contundentes sobre a presença da tecnologia na cultura contemporânea, vários episódios retomam essa situação, repetindo, inclusive, a conexão dos aparelhos ao corpo.[44]
Todos esses aspectos, da vertigem do pré-acontecimento à canibalização da tela, passando pela mescla de existência entre universo midiático e vida, são essenciais no documentário *Pacific* (2009), de Marcelo Pedroso. Sem ceder ao caráter distópico que prevalece no filme de Cronenberg e em *Black Mirror*, *Pacific* foi feito exclusivamente com imagens gravadas pelos passageiros de um cruzeiro (no próprio *Pacific*) que faz o trajeto Recife-Fernando de Noronha. Importante assinalar que o documentário foi negociado pessoalmente por um grupo de produtoras que viajou no navio, sem o diretor, e ao final do trajeto abordou os passageiros solicitando seu material.

No filme, por um lado, vemos emergir como protagonista, em particular no Brasil, sem nenhuma cerimônia, um personagem marcante das transformações socioeconômicas do início dos 2000: uma nova classe média, a classe C, também apelidada na época de C de consumidor.[45] Por outro, apresentam-se, escancaradamente, as texturas de múltiplas imagens produzi-

---

[44] Três episódios são significativos desse enfoque: Owen Harris, *Be Right Back*, T2:E2, 2013; Carl Tibbetts, *White Christmas*, T2:E4, 2014; Dan Trachtenberg, *Playtest*, T3:E2, 2016. Para uma análise desses e outros episódios da série, ver André Lemos, *Isso (não) é muito "Black Mirror": Passado, presente e futuro das tecnologias de informação e comunicação*. Salvador: Edufba, 2018.

[45] Para uma análise da nova classe média que emerge na primeira década dos anos 2000, ver Marcelo Neri (org.), *A nova classe média*. Rio de Janeiro: FGV/IBRE, CPS, 2008, disponível em: cps.fgv.br/ibrecps/M3/M3_TextoFinal.pdf.

das de maneira aleatória, no afã de registrar o acontecimento antes mesmo de vivenciá-lo.

Logo na abertura de *Pacific*, vemos/ouvimos alguém perguntar "Filmou?", no meio de uma multidão histérica à espera da aparição dos golfinhos "há cinquenta anos". A que outro passageiro responde: "Mas é lógico...". E do que valeria estar ali, se não fosse para registrar, ainda que gravar compulsivamente roubasse o privilégio de vivenciar o que se vê?

Pacific se apropria da "escola" do "Do It Yourself Hollywood", dos "produsadores", aqueles que, no campo das imagens, são a um só tempo produtores e usuários do que consomem.[46] Ao mesmo tempo, é retroalimentado por um estado de vigilância neopanóptica, "resultante de um desejo quase compulsivo – que se poderia chamar de fetichista – de fazer com que virtualmente tudo seja acessível na forma de uma imagem".[47] Mas *Pacific* é também, nos seus procedimentos de montagem, um cinema do homem sem a câmera. "Gênero" cada vez mais recorrente na filmografia pós-YouTube, enuncia uma estética que tira partido da organização das redes em bancos de dados, convertendo o dado em mídia, como definiu o teórico das humanidades digitais Lev Manovich.[48]

Esses novos formatos diferem das artes arquivísticas e do cinema baseado em *found footage*. Não são apropriações de arquivos encontrados e de instituições, que gozam já de uma

---

[46] O termo é de Axel Bruns, que define o criativo da web 2.0 como *produser* (producer + user). Axel Bruns, "Produsage", in *Proceedings of the 6th ACM SIGCHI Conference on Creativity & Cognition*. New York: Association for Computing Machinery, 2007, pp. 99–106.

[47] Timothy Druckrey. "Instability and Dispersion", in Carol Squiers (org.), *Overexposed: Essays on Contemporary Photography*. New York: The New York Press, 1994.

[48] Lev Manovich, *Cultural Analytics*. Cambridge: MIT Press, 2020.

tradição no campo da história da arte e do cinema. Fala-se aqui de formatos de criação emergentes baseados em rotinas provenientes de processos de automação, que propõem uma cultura visual alternativa à homogeneização do Big Data. São, em resumo, estéticas do banco de dados. Metaobras programadas para lidar com rearranjos de informações, que tensionam a hierarquia das rotinas de programação das grandes bases de dados.[49]

Isso acontece a partir de universos fechados que se tornam narrativas recombinantes imprevisíveis, como em *whiteonwhite: algorithmicnoir* (2012),[50] de Eve Sussman. Pode também partir da conversão de arquivos sempre crescentes, mas que não são preparados para remixagem artística, como o que ocorre em *Breaking the News – Be a News-Jockey*,[51] de Marc Lee (um *work in progress* desde 2007). Outros formatos são a apropriação de tags populares em um banco de imagens do porte do YouTube, tal qual acontece em *Vista On, Vista Off II* (2012), de Denise Agassi.[52]

No primeiro caso, em *whiteonwhite: algorithmicnoir*, temos 3 mil cenas gravadas em ruínas comunistas do Cazaquistão. Elas são combinadas por um programa enquanto o filme é projetado, em um loop contínuo, a partir de 150 músicas e algumas palavras-chave (como "neve", "apocalipse", "futuro" etc.). Já em *Breaking the News*, Marc Lee nos convoca a sermos "*news-jockeys*", remixando notícias em tempo real. Basta digitar uma

---

49 Victoria Vesna (org.), *Database Aesthetics: Art in the Age of Information Overflow*. Minneapolis: University of Minnesota Press, 2007.
50 Eve Sussman, *whiteonwhite:algorithmicnoir*, Rufus Corporation, 2011.
51 Marc Lee, *Breaking the News – Be a News-Jockey*, 2007, disponível em: news-jockey.com/.
52 Denise Agassi, *Vista On, Vista Off II*, YouTube, 26 abr. 2011, disponível em: youtu.be/OA9WcGokV4o.

palavra ou seguir os trending topics do dia no Twitter. Seu programa faz uma busca em bancos de dados variados na web e disponibiliza alguns filtros para que cada espectador possa dar o seu tom e ritmo ao marasmo das informações que se sucedem nos inúmeros clippings on-line. É possível salvar o seu videoclipe no final e tanto as versões instalativas para exposições como aquelas para acesso na internet são sucesso há anos.

Em *Vista On, Vista Off* II, somos convidados a manipular um dispositivo circular que aciona a projeção de uma série de vídeos, todos provenientes do YouTube, cruzando informações de uma bússola digital com palavras-chave pré-selecionadas em diversos idiomas. Essas palavras se referem a tipos de vista (aérea, panorâmica, mirante etc.) e aos locais apontados pelo dispositivo. Os tamanhos das projeções que vemos na tela correspondem, imaginária e proporcionalmente, à distância entre o local onde a obra está instalada e o lugar que se vê na imagem, criando uma ilusão de profundidade espacial. Quanto mais movemos o dispositivo circular, mais vídeos são carregados na tela, superpondo-se em distintas camadas. Curiosamente, somos confrontados com a situação de estar diante de um timão que, se não é capaz de navegar por todas as paisagens do mundo, é certamente a paisagem mais globalizada de todas. Afinal, existe ainda alguma paisagem que não foi depositada / assombrada no YouTube?

DO BANAL AO RADICAL

A resposta pode ser sim e não. A economia liberal dos likes, e suas fórmulas de sucesso, tende a homogeneizar tudo o que produzimos e vemos. Padroniza ângulos, enquadramentos, cenas, estilos. O que está por trás disso são os critérios de organização dos dados para que sejam mais rapidamente "encontráveis" nas buscas (os recursos de Search Engine Optimization – SEO) e os modos como os algoritmos contextualizam os conteúdos nas bolhas específicas a que pertencemos (algo que não controlamos e que nos controla).

O grau de precisão dos algoritmos das redes sociais está longe de ser 100% infalível. Não são poucas as sugestões de perfis que deveríamos seguir ou de propagandas desconexas que a nós são direcionadas e aparecem nas nossas timelines. Contudo, são suas prerrogativas de ordenamento, sempre a partir de um processo de ranking (que tem critérios difusos, indo do número de seguidores ao número de comentários), que determinam quem terá visibilidade nas redes sociais. Nesse caso, é o algoritmo que desempenha o papel de fantasma.

Em um mundo em que a autoexposição está diretamente relacionada à disputa pela inserção social, a necessidade de tornar-se visível coloca todos na linha compulsiva do "show do eu" de que fala a pesquisadora Paula Sibilia.[53] Isso faz com que, de influencers a pessoas comuns, passando por empresas, um enorme contingente de usuários consiga se adequar às normas opacas dos serviços para buscar visibilidade. Nesse sentido, pode-se afirmar que os algoritmos são o aparato disciplinar de nossa época, que ganha eficiência quanto mais as pessoas procuram responder a suas regras para se tornarem visíveis.[54]

---

[53] Paula Sibilia, *O show do eu: A intimidade como espetáculo*. Rio de Janeiro: Nova Fronteira, 2008.

[54] Kelley Cotter, "Playing the Visibility Game: How Digital Influencers and Algorithms Negotiate Influence on Instagram". *New Media & Society*, n. 4, v. 21, 1 abr. 2019, pp. 895-913.

É das implicações dessas operações que trata *Mass Ornament* (2009), de Natalie Bookchin.[55] O vídeo é uma referência direta a um texto famoso e homônimo do crítico cultural e sociólogo alemão Siegfried Kracauer (1889-1966), de que a artista faz uso para discutir o olhar pré-fabricado nas redes. Kracauer cunhou o termo "ornamento de massa" em um ensaio sobre a trupe de dançarinas Tiller Girls, no qual interpretava a coreografia sincopada das garotas do *chorus line* à luz do taylorismo. Nesse ensaio, publicado em duas partes em 1927, quando escrevia no *Frankfurter Zeitung*, antes de fugir da Alemanha nazista, Kracauer afirmava que as mãos dos trabalhadores nas fábricas correspondiam às pernas dessas bailarinas, sendo o ornamento de massa "o reflexo estético da racionalidade que o sistema econômico dominante aspirava".[56]

Na sua obra, Bookchin se vale desse conceito para ler os corpos moldados nas redes de imagem. Para tanto, apropria-se de centenas de vídeos do YouTube de pessoas dançando em frente à câmera. As imagens são editadas ao som das trilhas de dois filmes emblemáticos dos anos 1930. São eles *Gold Diggers of 1933* (1933), com coreografia do rei do cinema musical Busby Berkeley (1895-1976), e *Triunfo da vontade* (1935), documentário da cineasta de confiança de Hitler, Leni Riefenstahl (1902-2003).

O resultado do *Mass Ornament* de Bookchin é a coreografia de uma massa compacta de corpos formatados. A sincronia fina dos gestos é produto não só da expertise da edição, como de um ajuste prévio dos corpos a determinado meio de circulação, o

---

55 Natalie Bookchin, *Mass Ornament*, 2009, disponível em: bookchin.net/projects/mass-ornament/.
56 Siegfried Kracauer, *The Mass Ornament: Weimar Essays*. Cambridge: Harvard University Press, 1995, pp. 78-79.

YouTube. No limite, são corpos amestrados não só pela imagem que deve refleti-los, mas igualmente pelas palavras-chave que lhes darão visibilidade.

Não por acaso, os diretores japoneses Masashi Kawamura, Qanta Shimizu e Saqoosha, quando convidados, em 2011, a criar o videoclipe para a música "Utsushi Kagami" ("Espelho", em japonês), da banda Sour, resolveram que ele seria "rodado" inteiramente na internet.[57] Inspirados pela letra, que diz que tudo e todos a sua volta refletem o que você é, eles decidiram fazer o vídeo na web e transformar os espectadores em protagonistas do clipe. Existiria melhor espelho – superfície fantasmagórica por excelência – hoje em dia que nossa rotina diária, entre redes sociais, mapas e serviços on-line?

Premiado em vários festivais de arte, como o Ars Electronica, e de publicidade, como o Cannes Lions, o projeto não está mais ativo. Existe hoje apenas como documentação. Falaremos mais adiante sobre a obsolescência da imagem e do presente. Por ora, chamo atenção para outro ponto, mais próximo da autoespetacularização como força motriz da disseminação das imagens nas redes e da constituição dos fantasmas mais vívidos que o próprio real de que fala Felinto.

O ponto de partida do videoclipe era a autorização do espectador para conectar a webcam ao site do projeto e permitir o acesso ao seu perfil no Twitter e no Facebook. Conexão feita, imediatamente se iniciava uma busca de imagens com o nome do usuário no Google. As fotos eram então incorporadas ao vídeo, com os membros da banda caminhando sobre as telas das redes sociais de quem deu acesso ao clipe, passeando sobre

---

[57] SOUR '映し鏡' (Mirror), 2010, disponível em: youtu.be/lcIHpPSogaQ.

os mapas de lugares em que os usuários estiveram, por exemplo. Ao final, além de coeditar um audiovisual único e dinâmico, nós nos encontrávamos com nossos fantasmas on-line em um perturbador "videoespelho".

Outro videoclipe notável nessa seara, que também se alimenta de dados pessoais disponíveis na internet para a construção de novas estruturas narrativas, é o de "We Used to Wait" para *The Wilderness Downtown* (2010), de Chris Milk e Aaron Koblin. O clipe responde a um modelo meta-autoral bastante particular da cultura web 2.0, o *mashup* de software e conteúdo. Feito para o lançamento do disco *The Suburbs*, da banda canadense Arcade Fire, explorava as possibilidades de jogar com a cidade em que o "espectador" (na falta de melhor palavra) cresceu, misturando imagens e dados desse local à música. Para tanto, demandava que cada visitante inserisse, na entrada do site, o endereço de onde havia nascido. A partir daí, cruzava imagens geolocalizadas disponíveis no Google, com referências do videoclipe.[58] Esse tipo de provocação sobre o estatuto da imagem e do sujeito no tempo das mídias sociais vem mobilizando alguns artistas que trabalham com as estéticas do banco de dados, alimentando-se da cultura visual das redes.

Riccardo Uncut (2018),[59] de Eva e Franco Mattes, artistas italianos radicados em Nova York, começou a partir de uma chamada nas redes sociais, na qual os artistas ofereciam mil dólares por um celular. O objetivo era usar as fotos e vídeos do

---

58 Chris Milk, *Arcade Fire: We Used to Wait – The Wilderness Downtown*, 2010, disponível em: thewildernessdowntown.com/.
59 Eva Mattes e Franco Mattes, *Riccardo Uncut*, Whitney Museum of American Art, 2018, disponível em: whitney.org/artport-commissions/riccardo-uncut.

proprietário em uma obra comissionada pelo Whitney Museum of American Art, de Nova York. O celular escolhido foi o de Riccardo, um rapaz que guardava em seu aparelho mais de 3 mil imagens, cobrindo o período de 2004 a 2017.

Eva e Franco usaram todas as imagens desse celular e editaram um slide show de mais de uma hora, em que acompanhamos a vida de Riccardo via suas fotos e vídeos (inclusive as inúmeras intermediárias que "não deram certo"). Há de tudo um pouco. São fotos de viagens, no trabalho, nas ruas, na família e de sua vida amorosa. Não há nada de interessante e isso é, justamente, o mais fascinante. Como em *Sleep* (1964), de Andy Warhol (1928-1987), que mostra um homem (John Giorno) dormindo por cinco horas, não há ação. Desprovidas de qualquer cinematicidade, as imagens de Riccardo nos obrigam a ver aquilo que são na sua crueza mais absoluta. Assistir a elas, sem cortes, é como ver a si mesmo.

Por outra via, *The Single Post Instagram* (2017), do artista italiano Maurizio Cattelan,[60] acessa o mesmo tema da imagem banal das redes, questionando o que poderia lhe dar outro estatuto. Ao longo de dois anos, todos os dias, Cattelan publicava uma imagem nonsense no seu perfil no Instagram, acompanhada de uma legenda mais absurda ainda, em forma de pergunta à sua audiência. A foto era apagada 24 horas depois. Com milhares de seguidores apaixonados, que respondiam às suas perguntas na área dos comentários, Maurizio Cattelan não seguia ninguém, mas reagia com um "coraçãozinho" a todas as manifestações.

A página em branco, com uma imagem apenas, em um lugar construído para abrigar a maior quantidade de imagens

---

[60] "MAURIZIO CATTELAN", *Instagram*, disponível em: instagram.com/mauriziocattelan/.

possível, e a relação assimétrica, de quem faz uma pergunta, não responde, mas mostra que leu, manifestando-se com ícones, conferiam à conta de Cattelan um caráter peculiarmente antissocial. Como se, paradoxalmente, fosse viável estabelecer um ruído, pelo silêncio, na balbúrdia instagramática. Afinal, nesse império do suposto compartilhamento, quem se lembra do que foi dito ontem? Aquilo que era de suma relevância pela manhã tem alguma importância depois do primeiro rearranjo automático da timeline? Existe escuta nas redes ou apenas espaço para uma fala ininterrupta?

Mas não é só pelo que dá a pensar que *The Single Post Instagram* chama atenção. É porque as imagens, postadas e apagadas, mantêm, no seu nonsense, extrema coerência. Hilárias, enigmáticas, descontextualizadas, poderiam ter sido vistas em qualquer outro lugar da internet. Essa sensação de déjà vu é a razão de ser do *Insta Repeat* (2018), da artista e cineasta Emma Sheffer. O projeto nos confronta com zilhões de fotos de viagem. São todas praticamente idênticas, com inumeráveis moças de costas, olhando desfiladeiros e estradas vistas do para-brisa e pelo retrovisor. Sheffer recolhe essas imagens em diversos perfis, como resultado de buscas por hashtags específicas, e organiza essas fotos como mosaicos, incidindo na padronização do olhar que consegue se adequar aos parâmetros das câmeras e às convenções do Instagram.

Seus mosaicos, com séries de doze imagens sequenciadas, mostram as mesmas paisagens e situações. Não importa em que parte do mundo tenham sido feitas, há sempre lugar para "uma foto *full frame* de alguém, centralizado, em frente a uma cachoeira", "um celular na vertical no meio do nada", "um drone olhando na perpendicular as copas de árvores do outono", como descrevem suas legendas. Imagens feitas com o suprassumo do olhar banal são fomentadas pelo darwinismo social das redes, em que o mais acessado será sempre o mais acessado. Ou seja, vence sempre o mais forte. Nessa dinâmica, revela-se como os regimes algorítmicos – das câmeras digitais e das hashtags – modulam os modos de ver e construir as imagens. Em sua redundância, os mosaicos de Sheffer enquadram, radicalmente, a mesmice do vocabulário visual das redes.

Dito de outra forma, no contraponto sugerido pelos Mattes, por Cattelan e por Sheffer, atualiza-se um movimento que o filósofo francês Jacques Rancière mapeou, ao procurar distinguir a imagem televisiva, mais corriqueira, da imagem artística do cinema. O que opõe uma a outra não é sua materialidade ou seu circuito, mas a forma como lidam com a semelhança. Enquanto a primeira procura reproduzir o real, redundando naquilo que denominamos aqui de olhar banal, a segunda se pauta por um "jogo de operações que produz o que chamamos de arte: ou seja, uma alteração da semelhança",[61] apontando para o que se denomina aqui imagem radical. Essa questão, no entanto, vai além de uma discussão estética. Ela implica pensar nas políticas da imagem algorítmica e nas formas de resistência que se articulam em face dos seus procedimentos. Se o século XIX criou as regras para amestrar os corpos dóceis, as redes sociais consolidaram as normas dos olhares dóceis.

---

61 Jacques Rancière, *O destino das imagens*, trad. Mônica Costa Netto. Rio de Janeiro: Contraponto, 2012, p. 15.

2 DADOSFERA

politicasdaimagem.ubueditora.com.br|capitulo-2

Nas redes sociais, as imagens aparecem atreladas ao lugar e à hora em que são produzidas, e são contextualizadas pelos seus algoritmos, em relação a determinado grupo e segundo padrões internos dos arquivos digitais. É nesse ponto que a cultura do compartilhamento se cruza com a cultura da vigilância. Somos rastreáveis pelo que compartilhamos: de conteúdos próprios a nossas reações a conteúdos políticos, artísticos e fatos cotidianos. É isso que o mercado chama de "profilagem", uma forma de acumular dados sobre as pessoas com base em seus gostos e hábitos, que permitirão prever os comportamentos, além de melhorar o direcionamento de seus produtos e propagandas.[1]

Esse procedimento depende essencialmente da mineração de dados. Uma de suas estratégias baseia-se na filtragem das reações dos usuários aos conteúdos postados no Facebook, por meio dos ícones de curtidas, amor, ódio e espanto. Além de individualizar nossas respostas, essas reações permitem um mapeamento mais preciso dos perfis e, portanto, o direcionamento de publicidade e mensagens. Para confrontar esse proce-

[1] A esse respeito, ver Evgeny Morozov, *Big Tech: A ascensão dos dados e a morte da política*, trad. Claudio Marcondes. São Paulo: Ubu Editora, 2018, pp. 31-34; Wired Staff, "Secret of Googlenomics: Data-Fueled Recipe Brews Profitability". *Wired*, 22 maio 2009, disponível em: wired.com/2009/05/nep-googlenomics/.

dimento, o artista Ben Grosser desenvolveu o Go Rando (2017),² uma extensão para o programa navegador Chrome, que, uma vez instalada, interfere na seleção da reação, substituindo-a randomicamente por outra, complicando o processo de registro dos dados do usuário e interferindo nos procedimentos de profilagem e rastreamento.

Mais que complicar esse tipo de mineração de dados, Grosser chama atenção para o estado de *"shareveillance"* em que nos encontramos. Poucos neologismos são tão precisos quanto esse, criado pela pesquisadora Clare Birchall.³ Mas esse estado de "vigilanciamento", ou "compartilhância", em tradução livre, nutre-se mais e mais das imagens que produzimos e consumimos nas redes sociais. Nunca estivemos tão próximos e tão distantes do pensador francês Guy Debord (1931–94), quando afirmava que "o espetáculo não é um conjunto de imagens, mas uma relação mediatizada por imagens".⁴ Próximos porque tudo depende de processos de sociabilidade e autoexposição via imagens (ou seja, da relação mediatizada). Distantes porque a relação mediatizada já não mais se efetiva pela alienação do sujeito, em favor de uma exterioridade que o representa, conforme Debord pressupunha.⁵ Ao contrário, ela é mobilizada pela ação do próprio sujeito na sua performatividade nas redes. Em uma frase: "Nossa sociedade é menos a dos espetáculos do

---

2 Ben Grosser, *Go Rando*, 2017, disponível em: bengrosser.com/projects/go-rando/.
3 Clare Birchall, *Shareveillance: The Dangers of Openly Sharing and Covertly Collecting Data*. Minneapolis: University of Minnesota Press, 2017.
4 Guy Debord, *A sociedade do espetáculo* [1967], trad. Francisco Alves e Alves Monteiro. Lisboa: Afrodite, 1972, p. 12.
5 Ibid., p. 26.

que a da vigilância",[6] haja vista que a vigilância resulta do espetáculo e vice-versa.

O QUE VEMOS NOS OLHA

Em *O que vemos, o que nos olha*,[7] Georges Didi-Huberman, situa o olhar em um processo de partilha paradoxal. Só vemos aquilo que nos devolveria o olhar. Esse olhar, cognitivo e cúmplice, de que fala Didi-Huberman não tem lugar no regime de visualidade algorítmica atual. O poder de olhar e de ser visto é distribuído de forma assimétrica e a multiplicação das câmeras de reconhecimento facial nas cidades esclarece essa divisão de papéis. O crescimento do mercado global desse tipo de tecnologia deve passar de 3,2 bilhões para 7 bilhões de dólares em 2024. Diante desses números, não se pode negar sua relevância econômica.[8]

Sua expressão social, contudo, está atrelada mais a uma mudança de paradigma de visão que à diversidade dos setores que abrange, notadamente segurança, saúde e operações financeiras. Isso porque os sistemas de reconhecimento facial buscam superar as divisões entre a visão humana e a da máquina na identificação das pessoas. Substituem, assim, "o significado das faces por uma

---

6 A. Machado, "Máquinas de vigiar", in *Máquina e imaginário: O desafio das poéticas tecnológicas* [1993]. São Paulo: Edusp, 2001, p. 226.
7 G. Didi-Huberman, *O que vemos, o que nos olha* [1998], trad. Paulo Neves. São Paulo: Editora 34, 2010.
8 MarketsandMarkets Research, *Facial Recognition: Global Forecasts to 2024*. Pune: MarketsandMarkets Research Private Ltd., 2020.

matemática das faces, reduzindo sua complexidade e multidimensionalidade a critérios mensuráveis e previsíveis".[9]

O reconhecimento facial é uma tecnologia baseada em *machine learning* (aprendizado de máquina), um dos pilares da inteligência artificial. Funciona a partir de duas operações complementares: rastreamento e extração. O rastreamento é a tradução geométrica de características que são comuns à maior parte dos rostos. Nessa etapa, são detectados pontos nodais, como a distância entre os olhos, o comprimento do nariz e o tamanho do queixo. Esses pontos, que aparecem com frequência na iconografia relacionada ao reconhecimento facial, são registrados, e o resultado dessas equações é a leitura da face. No processo de extração, as características individuais que particularizam um rosto e o diferenciam de outros são calculadas, por meio de comparações com outras imagens previamente coletadas da pessoa.

Um dos algoritmos mais usados no reconhecimento facial é o *eigenface*. Seu nome deriva do alemão, em que o prefixo *eigen-* significa "inerente", "individual", "peculiar", "específico" e "característico", e isso esclarece muito sobre as motivações dessa tecnologia como método dotado de uma "suposta capacidade algorítmica" para distinguir o que é característico do rosto de um indivíduo e determinar a sua identidade entre as outras tantas imagens armazenadas.[10] Mas armazenadas onde? Na massa amorfa do Big Data que é tabulada em *datasets* (conjunto

---

[9] Sarah Kember, "Face Recognition and the Emergence of Smart Photography". *Journal of Visual Culture*, n. 2, v. 13, 1 ago. 2014, p. 186.
[10] Lila Lee-Morrison, *Portraits of Automated Facial Recognition: On Machinic Ways of Seeing the Face*. Bielefeld: transcript-Verlag, 2019, p. 66.

de dados organizados), disponibilizados na internet. E quem fornece esses dados? Nós!

Importante ter em mente que o treinamento dos algoritmos para comandar o processo de reconhecimento demanda quantidades massivas de imagens. Elas são extraídas de registros oficiais, como, por exemplo, os armazenados no Instituto de Identificação do Estado de São Paulo[11] (o que inclui, além de biometrias, impressões digitais, fotos e dados pessoais relacionados à emissão do RG); de câmeras de vigilância instaladas no mundo todo; além de diferentes sistemas, como os dos celulares e computadores que usam nossa digital e rosto como senha. Somem-se a isso os quaquilhões de registros faciais que vamos largando pelas redes sociais, como Facebook, Instagram, YouTube e Flickr.

Ah, você nem lembrava que o Flickr existia... Mas ali se encontra um manancial de fotos com licença Creative Commons (que podem ser legalmente copiadas e compartilhadas), as quais alimentam *datasets* poderosíssimos. Sem dúvida, ocorre nesse processo uma distorção total da noção do que é a Creative Commons, uma licença para desbloquear direitos autorais, mas que não é adequada para proteger a privacidade individual. Algo que fica bastante evidente com a popularização das inteligências artificiais, demandando o estabelecimento de normas éticas para sua implementação.[12]

[11] Refiro-me ao Laboratório de Identificação Biométrica – Facial e Digital, do Instituto de Identificação Ricardo Gumbleton Daunt (IIRGD).
[12] Ryan Merkley, "Use and Fair Use: Statement on Shared Images in Facial Recognition AI". *Creative Commons*, 13 mar. 2019, disponível em: creativecommons.org/2019/03/13/statement-on-shared-images-in-facial-recognition-ai. Para mais detalhes sobre a licença Creative Commons, ver "Creative Commons Brasil", *Creative Commons*, disponível em: br.creativecommons.org.

Afinal, quando alguém posta fotos do casamento, da formatura, do nascimento dos filhos, entre muitas outras selfies, não está pensando que isso será capturado por sistemas de catalogação a serviço de outras empresas. Nesse sentido, falar em reconhecimento facial diz respeito a uma nova dimensão de controle social pelas imagens que se impõe pela "fotografia inteligente" (*smart photography*). Digitais, essas imagens "*smart*" são um complexo que combina a figuração com informação e biotecnologias.[13]

A importância que a área de reconhecimento facial ganha no mercado é proporcional à sua relevância para o monitoramento dos corpos no espaço, onde quer que estejam. Quanto mais evoluem as tecnologias ambientais (*ambient technologies*), integrando-nos a sistemas computacionais e em rede, por meio de sensores, microfones e câmeras distribuídos em diversos objetos do cotidiano, mais recorrente se torna o processo de mapeamento do rosto. Dito de forma simples, o rosto é a nova digital. Uma vez identificado, nossa presença pode ser rastreada no espaço.

Há ainda uma série de falhas nos processos de identificação, por conta de certo déficit de dados. Pasme: a montanha de imagens despejadas diariamente na internet ainda não é suficiente para que se consiga capturar e computar tudo e tornar os sistemas mais eficientes. Variações de iluminação e diferenças significativas na qualidade das imagens são outros fatores que explicam os erros. Outro ponto crucial desse debate é como tais sistemas incorporam e maximizam questões sociais, como o racismo, que passa a ter também dimensão algorítmica. Mas

---

13 S. Kember, "Face Recognition and the Emergence of Smart Photography", op. cit.

não é necessário ser pessimista demais (ou otimista, dependendo do ponto de vista) para imaginar que essas deficiências serão sanadas brevemente pelas empresas detentoras das patentes de tais tecnologias, alargando seu já nada pequeno domínio.

Os vínculos entre a história da fotografia e os dispositivos de controle social foram amplamente discutidos e são em grande parte tributários da seminal análise de Michel Foucault sobre as formas de institucionalização do poder burocrático em *Vigiar e punir*, evidenciando as relações entre as biopolíticas e as tecnologias de visibilização do corpo e dos sujeitos no espaço.[14] Mais recentemente, ao estudar as origens da fotografia, a pesquisadora israelense Ariella Azoulay mostrou de que forma o obturador fotográfico expressava os pressupostos imperialistas do século XIX, dividindo o corpo político entre "aqueles que possuem e operam os dispositivos e se apropriam de seus produtos e os acumulam e aqueles cuja fisionomia, recursos ou trabalho são extraídos".[15]

Nessa esfera do colonialismo, a fotografia remete não somente aos dispositivos de vigilância, mas também à fundamentação das teorias eugenistas, que fizeram farto uso desse tipo de documentação, imbricando os estudos de representação visual com as ciências. Essa integração marca profundamente os trabalhos do cientista inglês Francis Galton (1822-1911) e do criminologista francês Alphonse Bertillon (1853-1914),

---

[14] M. Foucault, *Vigiar e punir*, op. cit. Para uma revisão das relações entre fotografia e vigilância dos seus primórdios até a atualidade, ver Edgar Gómez Cruz e Eric T. Meyer, "Creation and Control in the Photographic Process: iPhones and the emerging fifth moment of photography". *Photographies*, n. 2, v. 5, 1 set. 2012, pp. 203-21.

[15] Ariella Aïsha Azoulay, *Potential History: Unlearning Imperialism*. New York: Verso, 2019, p. 34.

confluindo para a sistematização de procedimentos até então inéditos no âmbito das técnicas de construção dos retratos.[16]

No caso de Galton, suas imagens constituem uma nova modalidade: o retrato composto, que ele entendia como uma modalidade de "pintura estatística".[17] Já no de Bertillon, cujo nome entrou para a história definitivamente associado ao retrato falado, pode-se dizer que suas técnicas incidem mais na padronização de ângulos e enquadramentos, que alimentavam seu meticuloso arquivo de identificação criminal, do que no desenvolvimento de um repertório fotográfico propriamente dito.

Primo de Charles Darwin, Galton foi também o pai do sistema de classificação das impressões digitais e criador da eugenia. Na sua busca de melhoria da hereditariedade, acabou por aproximar-se da criminologia, campo em que aplicou fartamente a sua técnica fotográfica do retrato composto, para identificar o "tipo criminal biologicamente determinado". Note-se, entretanto, que as opções metodológicas dos dois cientistas indicam objetivos distintos: a definição de padrões gerais, decorrentes das leis hereditárias que definiriam o caráter do criminoso,

---

16 Allan Sekula, "The Body and the Archive". *October*, n. 39, 1986, p. 18. No que tange à instrumentalidade da fotografia na conformação de parâmetros racistas, ver o detalhado e fartamente ilustrado estudo de Sandra Sofia Machado Koutsoukos, *Zoológicos humanos: Gente em exibição na era do imperialismo*. Campinas: Ed. da Unicamp, 2020.

17 Os retratos compostos de Galton, que analisamos mais adiante, são explicados em detalhe por ele em vários artigos, como em Francis Galton, "Composite Portraits Made by Combining Those of Many Different Persons into a Single Figure". *Journal of the Anthropological Institute*, n. 8, 1879, pp. 132–48, disponível em: galton.org/essays/1870–1879/galton-1879-jaigi-composite-portraits.pdf. A. Sekula, "The Body and the Archive", op. cit., p. 46.

em Galton, e a identificação individualizada, em Bertillon.[18] Bertillon não teve a importância e o impacto científico de Galton. Porém, por caminhos distintos, ambos contribuíram para consolidar pressupostos de exclusão social e cultural baseados na construção de tipos ideais. Esses pressupostos terão, como sabemos, consequências funestas ao longo do século xx, tendo em vista que a eugenia foi um dos pilares do nazismo.[19]

Diversas notícias e artigos alertam para uma retomada dos princípios do racismo científico pelos arautos da *alt-right* no nosso presente e para as formas como seus ideais são amplamente divulgados na internet.[20] O tema é relevante, especialmente se levarmos em consideração que os preconceitos desses

18   A. Sekula, "The Body and the Archive", op. cit., p. 19.
19   Para uma exposição concisa da instrumentalização da eugenia pelo nazismo e em políticas racistas do Estado, ver Bernardo Beiguelman, "Genética, ética e Estado (Genetics, ethics and State)". *Brazilian Journal of Genetics*, n. 3, v. 20, set. 1997, disponível em: doi.org/10.1590/S0100-84551997000300027.
20   A *alt-right* ou direita alternativa é um movimento internacional, de cunho nacionalista e racista, com posições radicalmente conservadoras e forte presença on-line. Fenômeno mundial, tem grande penetração nos Estados Unidos, especialmente depois da eleição de Donald Trump, em 2016. ADL (Anti-Difamation League), "Alt-Right: A Primer on the New White Supremacy", disponível em: adl.org/resources/backgrounders/alt-right-a-primer-on-the-new-white-supremacy. Para uma discussão sobre os fundamentos eugenistas das ações da *alt-right* na internet, ver Michael Wintroub, "Sordid Genealogies: A Conjectural History of Cambridge Analytica's Eugenic Roots". *Humanities and Social Sciences Communications*, n. 1, v. 7, 17 jul. 2020, pp. 1–16; Nicole Hemmer, "'Scientific Racism' Is on the Rise on the Right. But It's Been Lurking there for Years". *Vox*, 28 mar. 2017, disponível em: vox.com/the-big-idea/2017/3/28/15078400/scientific-racism-murray-alt-right-black-muslim-culture-trump.

grupos expressam uma cultura de padrões fundamental na leitura visual do mundo pelas IAS.

Não estou com isso afirmando que a inteligência artificial é uma tecnologia de extrema direita. A questão é mais complexa e demanda o entendimento de opções teóricas e políticas que levaram à dominância de um pensamento normativo nas técnicas mais comuns de processamento de dados e aprendizado de máquina, em detrimento de outras. Compreendê-las pode iluminar as aproximações e as distâncias entre os métodos de Galton e Bertillon e os de programação das IAS e matizá-los em um quadro histórico no qual outras possibilidades estavam inscritas.

Galton superpunha diversos rostos, a partir de exposições múltiplas sobre uma mesma placa. Do resultado, apagava todos os traços individualizados para chegar a um rosto genérico que identificava determinado perfil biológico e social. Como ele mesmo afirmou, o objetivo era chegar "com precisão mecânica" a uma "foto genérica" que não "representa nenhum homem em particular, mas retrata uma figura imaginária que possui as características médias de qualquer grupo de homens".[21]

Essa técnica que procura os padrões coincidentes e apaga as individualidades contribuiria, do ponto de vista de Galton, para constituir uma política pública de melhoria da população inglesa, balizando a determinação científica de tipos supostamente ideais (socialmente convenientes) e indesejáveis (todos aqueles que não correspondem ao "padrão" de normalidade: de criminosos a portadores de doenças e judeus). Difícil aqui não concordar com o pesquisador Daniel Novak quando afirma que Galton criou um método que "transformaria a ficção fotográfica

[21] Francis Galton, "Composite Portraits Made by Combining Those of Many Different Persons into a Single Figure", op. cit., pp. 132-33.

em ciência fotográfica – um corpo inexistente em um tipo derivado com precisão científica, uma *ficção científica* fotográfica".[22]

Apesar de tanto os *eigenfaces* como os retratos compostos de Galton trabalharem com modelos idealizados para detectar relações de semelhança e diferença, a fim de determinar cientificamente um padrão, os objetivos são opostos. No caso de Galton, o seu método objetivava encontrar o padrão comum a determinado grupo populacional. No caso dos algoritmos *eigenfaces*, o objetivo é o reconhecimento do que é particular a um indivíduo, como ocorre no método de Bertillon. Nesse sentido, o reconhecimento facial marca, em uma genealogia do olhar maquínico, um encontro estético e político das tecnologias de imagem contemporâneas com as de vigilância oitocentistas.

A face tratada, entretanto, como um território computável determina novos modelos de padronização dos corpos, em conformidade com os pressupostos das IAS. *The Normalizing Machine* (2018), instalação interativa do artista israelense Mushon Zer-Aviv,[23] remete a essa reflexão. Nela, cada participante é apresentado a um conjunto de quatro vídeos de outros participantes gravados anteriormente e é solicitado a apontar o mais normal entre eles. A pessoa selecionada é examinada por algoritmos que adicionam sua imagem a um banco de dados projetado em uma parede que reproduz as pranchas antropométricas de Bertillon. É surpreendente ver, em segundos, nossa

---

22 Daniel Novak, "A Model Jew: 'Literary Photographs' and the Jewish Body in Daniel Deronda". *Representations*, n. 1, v. 85, 1 fev. 2004, p. 58.
23 Mushon Zer-Aviv, *The Normalizing Machine – An Experiment in Machine Learning & Algorithmic Prejudice*, 2018, disponível em: mushon.com/tnm/.

imagem esquadrinhada em medidas de olhos, boca, orelhas e computada com as centenas de outros participantes.

Zer-Aviv define seu projeto como um experimento na área de *machine learning* e do preconceito algorítmico. Lembra, no entanto, que o *founding father* da computação e da inteligência artificial, o matemático inglês Alan Turing (1912-54), buscava com sua pesquisa exatamente o oposto da padronização. Em seu hoje clássico artigo "Computing Machinery and Intelligence" (1950), Turing contrariava o ponto de vista de que as máquinas fazem apenas aquilo que os humanos determinam, propondo que o aprendizado maquínico de base computacional tivesse como referência a criança e não o adulto, páginas em branco e não livros acabados.[24]

Não por acaso, Turing falava de máquinas de aprendizagem (*learning machines*) e não em aprendizado de máquina (*machine learning*). O desafio, dizia ele, seria conceber computadores de armazenamento ilimitado, capazes de lidar com uma programação randômica, tendo como pressuposto o fato de que "as regras alteradas no processo de aprendizagem são de um tipo menos pretensioso, reivindicando apenas uma validade efêmera".[25]

Essa mutabilidade das regras que se adéquam aos contextos traz consigo uma ruptura com o modelo de aprendizado hierárquico e confinado a erros e acertos, aderente a sociedades altamente repressivas e intolerantes às alteridades, como aquela em que o próprio Turing, que era homossexual, vivia. Pode-se dizer que seu pensamento expressava uma reação a um modelo social e uma tentativa de dar uma resposta às opressões a sua

---

24 Alan M. Turing, "Computing Machinery and Intelligence". *Mind*, n. 236, v. 59, 1 out. 1950, p. 456.
25 Ibid., p. 459.

pessoa, por meio de uma notação matemática "que transcenderia o tipo de preconceito sistêmico que criminalizava seu próprio desvio das normas",[26] como afirma o artista Zer-Aviv. Pode-se dizer também que a inteligência artificial, em seus primórdios teóricos, estava muito mais próxima da tecnodiversidade e do modelo recursivo de que fala o filósofo chinês Yuk Hui[27] do que do modelo normalizador que a obra de Zer-Aviv denuncia. *The Normalizing Machine* discute não só o que e como a sociedade estabelece como padrão de normalidade, mas de que forma os processos de IA e *machine learning* podem amplificar as tendências discriminatórias que as antigas teorias antropométricas calçaram séculos atrás.

A investigação obstinada de Turing o levou a quebrar o código da máquina de criptografia Enigma, que a Alemanha nazista usava para mandar mensagens militares cifradas durante a Segunda Guerra Mundial. Isso permitiu que o Reino Unido interceptasse as mensagens, localizasse os submarinos alemães e revertesse o curso do conflito. Foi uma espécie de herói anônimo da guerra, mas isso não lhe rendeu nenhuma condecoração. Vítima do arraigado antissemitismo "científico"

---

26 M. Zer-Aviv, *The Normalizing Machine*, op. cit.

27 Para Hui, os limites das IAS, para dar conta da tecnodiversidade, remetem ao fato de não serem tecnologias fundamentadas no pensamento recursivo. Esse pensamento faz parte de uma nova casualidade, elaborada no século XX. Não linear, ela "desafia a dualidade que dá sustentação às críticas formuladas desde o século XVIII – mais precisamente, a dualidade das diferenças irredutíveis entre mecanicismo e organicismo". Esse ponto de vista, no entanto, é central nas teorias ciberfeministas e no trabalho pioneiro de Donna Haraway, aparecendo em sua obra desde o fundamental *Manifesto Cyborg*, de 1985. Yuk Hui, *Tecnodiversidade*, trad. Humberto do Amaral. São Paulo: Ubu Editora, 2020, pp. 121-23.

na Inglaterra e, sobretudo, pelo "crime" da homossexualidade, ele foi afastado de seu trabalho, humilhado publicamente e condenado em 1952 a submeter-se a um tratamento hormonal que deformou seu corpo e comprometeu sua saúde. Em 1954, combalido pela castração química e pelo isolamento, suicidou-se.[28]

ESTÉTICAS DA VIGILÂNCIA

Diferentemente das formas analógicas de registro fotográfico, as digitais são *per se* relacionais. Carregam consigo não só as informações do dispositivo, localização e horário de quem fotografou, como também permitem rastrear quem está à nossa volta. Ou você nunca se surpreendeu com o Facebook marcando suas imagens e perguntando quem são aquelas pessoas? Ou com o Google Photos, quando identifica seu filho desde a mais tenra idade nos seus álbuns e no dos seus amigos?

Não me espanta que incorporemos essas funcionalidades sem estranhamento e com muita rapidez. A cultura da vigilância está a tal ponto introjetada no nosso cotidiano que não nos intimida usar um vocabulário tão policialesco como "seguir" e

---

[28] Em 2009, o primeiro-ministro da Inglaterra fez um pedido de desculpas públicas pelo tratamento dispensado pelo país a Alan Turing, em resposta a uma petição pública pela reabilitação de sua memória, assinada por mais de 30 mil pessoas. Na ocasião, o cientista Richard Dawkins escreveu: "Ele deveria ter sido honrado como cavaleiro e festejado como salvador da pátria. Em vez disso, esse gênio excêntrico, gago e gentil foi arruinado por um 'crime' cometido entre quatro paredes, que não fez mal a ninguém". Em 2021, foi lançada, no dia do Orgulho LGBTQI+, a cédula de cinquenta libras esterlinas, que traz estampada a foto de Turing.

"ser seguido" nas redes sociais. Outros indícios dessa diluição dos parâmetros de controle e vigilância no cotidiano são o farto uso de recursos de reconhecimento facial em aplicativos, como o Facebook, que o usa desde 2010, e para a composição de *short videos*, como o TikTok.

O que essas empresas concorrentes entre si têm em comum? Tecnologias de inteligência artificial, que também são usadas em sistemas de reconhecimento facial e por multidões de usuários no mundo todo. A produção imagética que nelas circula aponta para novas estéticas e novos formatos? Sim. Aponta para um novo capítulo da história do audiovisual, com potências sem precedentes para criar um vocabulário inédito de comunicação e produção de linguagens? Sim, outra vez.

Contudo, nos seus meandros, implicam também um inequívoco processo de naturalização da vigilância. Não somente pela diluição de suas tecnologias no uso corriqueiro. Mas, acima de tudo, porque o princípio básico de melhoria dos recursos de inteligência artificial reside na sofisticação do aprendizado maquínico. Isso depende de *datasets* mais robustos, capazes de treinar máquinas para reconhecer os padrões com maior fidelidade. Conjuntos de dados, no entanto, não são tão artificiais assim, não brotam por geração espontânea em computadores. São as crias qualificadas do Big Data nosso de cada dia, fornecidos por nós nas ruas, nos aeroportos, nos cafés e, cada vez mais, nas redes, onde compartilhamos nossas imagens.

Essa situação nos põe diante do mais desconcertante paradoxo da política das imagens na contemporaneidade: somos vistos (supervisionados) a partir daquilo que vemos (as imagens que produzimos e os lugares em que estamos). Ou seja: os grandes olhos que nos monitoram veem pelos nossos olhos. É isso que diferencia a vigilância atual do sistema panóptico, que foi sua metáfora mais contundente até a explosão da sociedade de controle em que vivemos hoje.

Sociedade de controle é um conceito do filósofo francês Gilles Deleuze (1925-95), apresentado no seu livro *Conversações*, em um pequeno ensaio, à guisa de um *postscriptum*.[29] Deleuze discute nele a emergência de uma forma de vigilância distribuída, que relativiza o modelo de controle panóptico, conceituado por Michel Foucault. A esse sistema, que vai encontrar seu símbolo mais bem-acabado no Big Brother orwelliano, vigiando todos sem ser vigiado, superpõem-se processos de rastreamento que operam a partir de um mundo invisível de códigos, de senhas, de fluxos de dados migrantes entre bases computadorizadas.

Controlados por algumas poucas corporações de tecnologia, esses processos distribuem-se capilarmente no tecido social. Alguns teóricos, como Arlindo Machado e Timothy Druckrey,[30] entendem esse quadro como neopanóptico, haja vista a assimetria de poder entre a capacidade das grandes corporações, que tudo enxergam, e a nossa para compreender como nos veem e o que fazem com os dados coletados.

Prefiro, no entanto, entender o modelo de vigilância algorítmica como um novo modelo de vigilância, cuja ênfase recai na relação *entre* os indivíduos, em detrimento do controle centralizado *sobre* todos do panóptico do jurista inglês Jeremy Ben-

---

29 Gilles Deleuze, "Post-scriptum sobre as sociedades de controle", in *Conversações* [1990], trad. Peter Pál Pelbart. São Paulo: Editora 34, 2013, pp. 219-26.

30 A. Machado, "Máquinas de vigiar", in *Máquina e imaginário*, op. cit., pp. 219-35; Timothy Druckrey, "Instability and Dispersion", in Carol Squiers (org.), *Overexposed: Essays on Contemporary Photography*. New York: New York Press, 1999, pp. 93-104.

tham (1748-1832).³¹ Nessa situação, todos controlam todos, a partir das interações pessoais, e o rastreamento passa a depender da extroversão da intimidade pessoal do sujeito em rede. Isso porque é essa intimidade o "*surplus* comportamental" com que as corporações, como Google e Facebook, trabalham, dando concretude ao "capitalismo de vigilância", como denominou a economista Shoshana Zuboff.³²

Seus pilares são a extração e a análise de dados, os quais fundamentam o principal ativo dessa economia: a capacidade de prever as ações do usuário. Um complexo e sofisticado sistema de inteligência artificial é mobilizado, a fim de que seja possível – via oferecimento de recursos de tradução, serviços de armazenamento, comando de voz, mapas e buscas de imagens – inferir, presumir e deduzir o potencial de consumo, endereçando os produtos de forma personalizada aos usuários, de modo a remunerar seus verdadeiros clientes: os anunciantes. Esse processo remete ao que os pesquisadores Nick Couldry e Ulises Mejias

---

31 Sigo aqui as reflexões de Antoinette Rouvroy e Thomas Berns, baseadas em Deleuze, Guattari e Simondon, em "Governamentalidade algorítmica e perspectivas de emancipação: O díspar como condição de individuação pela relação?", in Fernanda Bruno et al. (org.), *Tecnopolíticas da vigilância: Perspectivas da margem*. São Paulo: Boitempo, 2018, pp. 107-40.

32 As considerações feitas sobre o capitalismo de vigilância baseiam-se especialmente no capítulo "The Discovery of Behavioral Surplus", de Shoshana Zuboff, *The Age of Surveillance Capitalism: The Fight for a Human Future at the New Frontier of Power*. London: Profile, 2019, pp. 70-107 [ed. bras.: *A era do capitalismo de vigilância: A luta por um futuro humano na nova fronteira do poder*, trad. George Schlesinger. Rio de Janeiro: Intrínseca, 2021].

denominaram datacolonialismo, no qual a acumulação de capital é decorrente do extrativismo de dados, e não da produção.[33]

O que os psicanalistas chamam de exibicionismo é decisivo para a eficiência desse sistema de vigilância algorítmica que alicerça a economia digital. Ele se retroalimenta da dinâmica das "gramáticas do reconhecimento", cujas normas dependem da instabilidade entre *"estou, neste momento, sendo isso,* mas quero garantir para mim mesmo e para os que me cercam que amanhã, ou, digamos, daqui a duas horas, posso ser outra coisa", bastando, para tanto, alterar meu perfil, e os atos falhos por onde escorrem os momentos de autenticidade.[34]

Quando a economia e a vigilância passam a nutrir-se das formas como queremos ser vistos, todo um rearranjo da subjetividade se instaura. "Se a modernidade produziu uma topologia da subjetividade e do cotidiano que circunscrevia o espaço privado e seus diversos níveis de vida interior – casa, família, intimidade, psiquismo –", diz a pesquisadora Fernanda Bruno, "a atualidade inverte esta topologia e volta a subjetividade para o espaço aberto dos meios de comunicação e seus diversos níveis

---

[33] Nick Couldry e Ulises Mejias, em *The Costs of Connection: How Data Is Colonizing Human Life and Appropriating It for Capitalism*. Redwood City: Stanford University Press, 2019, definem o colonialismo de dados como uma ordem emergente para a apropriação da vida humana de forma que dados possam ser continuamente extraídos dela com fins lucrativos. Nessa obra, os autores enfatizam que o colonialismo histórico e o colonialismo de dados não são exatamente a mesma coisa, pois sua forma, violência e conteúdo são muito diferentes. Contudo, sua função e razão econômica são as mesmas: expropriação.

[34] Christian Dunker, *Reinvenção da intimidade: Políticas do sofrimento cotidiano*. São Paulo: Ubu Editora, 2017, pp. 268-70.

de vida exterior – tela, imagem, interface, interatividade".[35] Dessa forma, a lógica da vigilância passa a operar segundo um novo paradigma. A ameaça não é mais a de sermos capturados por um olho onipresente do tipo Big Brother. Mas o reverso, o medo de não sermos visíveis e desaparecermos.[36]

Por depender intrinsecamente da relação interpessoal que se projeta nas diferentes redes sociais, não é de estranhar que a vigilância tenha se convertido no horizonte estético da cultura urbana contemporânea.[37] O sucesso e a multiplicação de programas como o *Big Brother* é uma citação comum desse regime fundado no "litoral entre espaço público e privado" onde são colocadas "pessoas reais para representar a si mesmas".[38] Mas tomemos esse sucesso aqui mais como sintoma da era da vigilância distribuída do que seu cerne. Se podemos falar em uma estética da vigilância, é porque seus dispositivos constituem linguagens, retóricas visuais e formatos de expressão artística.

Isso quer dizer que, apesar de ser possível recuperar uma linhagem de obras em que o público foi alçado ao papel de vigilante, é apenas mais recentemente, com a presença massiva de recursos de visão computacional, imagens de drones e câmeras térmicas no cotidiano, que esses elementos se tornam dominantes na produção cultural e na vida social. A vigilância deixa

---

35 Fernanda Bruno, *Máquinas de ver, modos de ser: Vigilância, tecnologia e subjetividade*. Porto Alegre: Sulina, 2013, p. 81.
36 Taina Bucher, "Want to Be on the Top? Algorithmic Power and the Threat of Invisibility on Facebook". *New Media & Society*, n. 7, v. 14, 8 abr. 2012, pp. 1164-80.
37 Eric Howeler, "Anxious Architectures: The Aesthetics of Surveillance". *Volume*, 1 mar. 2002, disponível em: volumeproject.org/anxious-architectures-the-aesthetics-of-surveillance/.
38 C. Dunker, *Reinvenção da intimidade*, op. cit., pp. 271-72.

de ser um modo de fazer "televisão-verdade", mostrando um observador que poderia se tornar observado, do tipo do lendário *An American Family* (1972),[39] confundindo-se com a estrutura narrativa.

A vigilância passa a modelar um gênero, o do "cinema do tempo real",[40] patente em produções como *O show de Truman* (1998). Antecipando o sucesso dos *reality shows*, o filme mostrava um personagem, o vendedor de seguros Truman Burbank (interpretado por Jim Carrey), que não sabia que sua vida estava sendo transmitida pela televisão. Mais do que transmitida, sua vida era roteirizada e mediada por um aparato de câmaras e figurantes. Com tons de ficção científica para a época, a vida de Truman Burbank tornou-se um fenômeno comum. Mudaram, no entanto, os roteiristas do enredo, hoje dominado pelos algoritmos que ignoramos e que determinam nossas audiências e o que veremos nas redes sociais.

Em paralelo com a consolidação das novas cidadelas do século XXI, as nuvens computacionais que abrigam as redes, filmes, videoclipes e séries, como *Person of Interest* (2011-16) e *Fauda* (2015-), passam a assumir as estéticas da vigilância como o seu código visual. Nesses casos, inserções de marcações típicas da visão computacional dão corpo ao desenvolvimento narra-

---

[39] Para uma caracterização de *An American Family*, programa que pioneiramente transmitia ao vivo o cotidiano de uma família dos Estados Unidos e deu origem ao que Jean Baudrillard chamou de TV-*vérité*, ver A. Machado, "Máquinas de vigiar", in *Máquina e imaginário*, op. cit., p. 227.

[40] Thomas Y. Levin, "Rhetoric of the Temporal Index: Surveillant Narration and the Cinema of 'Real Time'", in Thomas Y. Levin, Peter Weibel e Ursula Frohne (org.), CTRL [*Space*]: *Rhetorics of Surveillance from Bentham to Big Brother*. Cambridge: MIT Press, 2002, pp. 578-93.

tivo, indo muito além da explicitação da presença dessas tecnologias no cotidiano.

A imagem das nuvens computacionais é, aliás, estratégica para o sucesso do capitalismo de vigilância que estruturam. Metaforicamente, a nuvem remete "a um meio informe, transparente e cada vez mais acessível", naturalizando "as redes de poder a ela associadas e ocultando toda a gigantesca gama de infraestrutura física que existe para realizá-la e mantê-la em funcionamento 24 horas por dia", a despeito do seu enorme custo ambiental.[41] Dimensão mais velada da presença algorítmica, as nuvens foram o alvo do duo sul-coreano Shinseungback Kimyonghun na irônica obra *Cloud Face* (2012), em que apresentam uma coleção de fotos de nuvens, nas quais um software de reconhecimento facial identificou rostos humanos.[42]

É característica das estéticas da vigilância a incorporação das ferramentas de rastreamento utilizadas numa espécie de engenharia reversa, que evidencia suas falhas e sua presença invisível. Um amplo leque de artistas internacionais,[43] como Harun Farocki (1944-2014), e brasileiros, como Lucas Bambozzi e Milena Szafir, é referencial para pensar esse campo estético. Obras pioneiras, como *meta4walls* (2000) e *Spio* (2004), de Bambozzi, e *Perfor-*

---

[41] Guilherme Wisnik, *Dentro do nevoeiro*. São Paulo: Ubu Editora, 2018, p. 101.

[42] Shinseungback Kimyonghun, *Cloud Face*, 2012, disponível em: ssbkyh.com/works/cloud_face/.

[43] Para um panorama de artistas relacionados ao tema, ver Inke Arns, "Social Technologies". *Media Art Net*, 15 fev. 2007, disponível em: medienkunstnetz.de/themes/overview_of_media_art/society/22/; Fernanda Bruno, Paola Barreto e Milena Szafir, "Surveillance Aesthetics in Latin America: Work in Progress". *Surveillance & Society*, n. 1, v. 10, 2012; e o já citado trabalho de Thomas Y. Levin, CTRL [Space] - Rhetorics of Surveillance from Bentham to Big Brother, op. cit.

mances panopticadas (2003-2006), de Szafir e Mariana Kadlec, e *Gegen-Musik* (2004) ou *Deep Play* (2007), de Farocki, enunciaram, nos primeiros anos dos 2000, tópicos que deram a pauta do controle por imagens que vivemos hoje de forma naturalizada.[44]

No caso de Bambozzi e Szafir, atenção especial é dada ao caráter pervasivo das câmeras em rede, das intrusões via e-mail, que parecem se infiltrar por todas as brechas da internet. Em Farocki, o foco recai, nas obras citadas aqui, no modo como as imagens passam a organizar e regrar a cidade, como em *Gegen-Musik*, e no embaralhamento entre as formas de controle biométrico e do deslocamento dos corpos no espaço, como em *Deep Play*. Neste último, feito com imagens da final da Copa do Mundo de 2006, são colocadas lado a lado, em uma videoinstalação multicanal, a limpeza das imagens televisivas com as diversas representações computadorizadas que escrutinam todos os movimentos do jogo.

Conforme crescem essas infiltrações computadorizadas, aumenta exponencialmente o peso macro e micropolítico das

---

[44] Lucas Bambozzi, *meta4walls*, 2002, disponível em: lucasbambozzi.net/projetosprojects/meta4walls-net-art; Lucas Bambozzi, *Spio, Self Surveillance System*, 2004, disponível em: lucasbambozzi.net/projetosprojects/spio-robotic-installation; mm não é confete, *Performances Panopticadas – Surveillance Wireless Vj'ing Performance*, Surveillance Aesthetics in Latin America, 2006, disponível em: pec.ufrj.br/surveillanceaestheticslatina/work_07.htm; Harun Farocki, *Counter Music*, disponível em: harunfarocki.de/installations/2000s/2004/counter-music.html; id., *Deep Play*, disponível em: harunfarocki.de/installations/2000s/2007/deep-play.html, 2020. A respeito de Farocki e as estéticas da vigilância, ver também Miriam De Rosa, "Poetics and Politics of the Trace: Notes on Surveillance Practices through Harun Farocki's Work". NECSUS. *European Journal of Media Studies*, n. 1, v. 3, 1 jan. 2014, pp. 129-49.

grandes empresas de tecnologia na vida social. Como alertava um dos pôsteres mais conhecidos da série *Think Privacy* (2016), do artista Adam Harvey, "a selfie de hoje é o seu perfil biométrico de amanhã".[45] E é navegando contra essa filosofia que a plataforma *MegaPixels*,[46] em desenvolvimento desde 2018, se apresenta. A partir de uma coleção de gigantescos *datasets* disponíveis na internet, como o MS-Celeb, da Microsoft, e o Brain Wash, de um café em San Francisco, Harvey, em parceria com Jules LaPlace, investiga nesse projeto a rota de origem e destino dessas imagens.

Os resultados são, no mínimo, assustadores. Foram coletados no projeto 24 milhões de fotos não consensuais (isto é, sem que o fotografado tivesse ideia de que sua foto foi reutilizada) em trinta *datasets* de análise facial. Todas estão disponíveis na internet, *in the wild*, como se diz em jargão da área. Dessas imagens, mais de 15 milhões de retratos vêm de mecanismos de busca, outros quase 6 milhões do Flickr, cerca de 2,5 milhões do Internet Movie Database e quase 500 mil de câmeras de vigilância. Há, aproximadamente, 1 milhão de identidades arquivadas nesses 24 milhões de fotos. O projeto mostra também que 25% das citações feitas a esses *datasets* em artigos acadêmicos são de instituições dos Estados Unidos. A vasta maioria, no entanto, é feita da China. Apesar de esses dados serem apenas uma amostra dos resultados parciais do *MegaPixels*, são esclarecedores de uma nova biopolítica. Uma biopolítica da dadosfera.

---

45 Adam Harvey, *Think Privacy*, 2016, disponível em: ahprojects.com/think-privacy/.

46 Id., *MegaPixels*, 2018 em diante, disponível em: ahprojects.com/megapixels/.

BIOPOLÍTICAS POROSAS

Diferentemente da biopolítica moderna, conceituada por Foucault, que tinha por diretriz o controle, em última instância, da força de trabalho dos corpos no horizonte das demandas da economia industrial e do nascimento do urbanismo moderno,[47] a biopolítica da dadosfera é uma tecnologia do poder da economia digital e de ocupação dos fluxos nos territórios informacionais. Ela é regulamentada pelo controle molecular dos corpos não só na esfera emocional, a partir da performance individual nas redes sociais, como também pelo controle fisiológico. Isso transforma a vigilância em um procedimento poroso, que adentra os corpos sem tocá-los. Nesse contexto, aproximam-se os discursos da saúde pública com os da segurança pública, deslocando as técnicas de reconhecimento da identidade para o campo da rastreabilidade.[48] Uma dinâmica que se explicitou com a Covid-19, pela proliferação de câmeras térmicas e termômetros de infravermelho nas cidades do mundo todo.

Um dos pilares desse tipo de controle molecular, fisiológico, é o sensoriamento remoto, uma forma de monitorar e extrair dados sem contato físico com o objeto.[49] Tecnicamente, os primeiros voos militares de balão, que eram realizados desde o fim do século XVIII, antes da invenção da fotografia, podem ser considerados a origem desse procedimento, numa arqueo-

---

[47] M. Foucault, *Em defesa da sociedade*, trad. Maria Ermantina Galvão. São Paulo: WMF Martins Fontes, 1999, pp. 297-302.

[48] P. Virilio, *The Administration of Fear*. Los Angeles: Semiotext, 2012, pp. 46-47.

[49] Todas as informações apresentadas sobre sensoriamento remoto baseiam-se em Shashi Shekhar e Pamela Vold, "What's There? Remote Sensing", in *Spatial Computing*. Cambridge: MIT Press, 2020, pp. 59-90.

logia de suas práticas. E, muito embora a fotografia aérea tenha sido um dos marcos da Primeira Guerra Mundial, foi apenas no âmbito da corrida espacial e da Guerra Fria entre os Estados Unidos e a União Soviética que aquilo que entendemos por sensoriamento remoto se consolidou.

Em reação ao lançamento do *Sputnik II*, em 1957, os Estados Unidos lançaram o programa de espionagem Corona, que desenvolveria uma série de satélites para fotografar a União Soviética. Embalados em cápsulas, os filmes entravam em órbita e eram devolvidos à Terra por paraquedas, e depois coletados por aviões equipados com uma haste que funcionava como uma espécie de mão mecânica.[50]

Toda essa parafernália, que hoje parece uma obra do cineasta Georges Méliès, foi usada de 1959 até 1972 e é a antessala do fim da visão direta, que vivemos desde a década de 1980. A partir daí, com a migração dos sistemas analógicos para os digitais, a imagem passou a ser articulada a sensores, deixando de ser uma prótese compensatória do tempo não vivido e do que já passou para tornar-se um amálgama de dados variados, como os campos eletromagnéticos não visíveis aos humanos.

Apesar de não enxergarmos, tudo aquilo que vemos reflete e absorve energia eletromagnética do Sol. A forma como cada superfície absorve e reflete a radiação identifica particularmente os diferentes objetos ou corpos, e constitui o que os cientistas chamam de "assinatura espectral". Isso está na base do desenvolvimento de uma gama de sensores, com finalidades variadas, para medir a energia de determinados comprimentos de onda. Utilizadas em operações militares e em controle de fronteiras,

---

[50] Fotos, vídeos e documentação original do projeto estão disponíveis em: cia.gov/static/3d24f7019bf7e718fd1d2a5c57e6a646/corona.pdf.

essas câmeras tiveram vertiginoso aumento de uso com a pandemia do coronavírus. Atreladas a drones, monitoraram do alto a cidade de Wuhan, na China, e um protótipo associado a alto-falantes foi testado no Recife. A Amazon implantou esse tipo de câmera em seus depósitos para monitorar o contágio entre seus funcionários. Ela funciona como um porteiro eletrônico. Caso o indivíduo esteja com febre, não entra. O corpo transforma-se, assim, na senha do novo normal.

Criticados pela sua falta de precisão em veículos especializados e também na grande imprensa,[51] a popularização desses dispositivos traz ainda outras questões de ordem política, cultural e estética, relacionadas à naturalização e à opacidade dos sistemas de sensoriamento remoto. Primeiramente, é preciso levar em conta que sua precisão está associada a um tipo novo de resolução de imagem: a "resolução temporal". Ela é qualificada pela frequência com que os sensores revisitam e obtêm informações da mesma área. O que indica uma capacidade cada vez maior e mais sofisticada de ler (e armazenar, sabe-se lá em quais servidores) dados sobre funcionários de uma empresa, usuários do sistema público de transporte a caminho do trabalho ou da escola, e por aí vai.

Tudo isso é feito com base em imagens da fisiologia do indivíduo, vistas por olhos totalmente maquínicos, que escaneiam o corpo e o reconstituem a partir da tradução de inputs eletromagnéticos em pixels que, ao final, em segundos, compõem um retrato "em vermelho e azul" do sujeito. Um retrato que só pode ser validado em um banco de dados, abrigado em uma nuvem

---

51 David Yaffe-Bellany, "'Thermometer Guns' on Coronavirus Front Lines Are 'Notoriously Not Accurate'". *The New York Times*, 14 fev. 2020, disponível em: nyti.ms/3w7Vx29.

computacional e submetido a alguma inteligência artificial que buscará padrões para eventualmente contribuir para a cura da Covid-19. Mas que também pode vir a ser utilizado para outras finalidades. Não sabemos.

No ensaio fotográfico *Datengeist Duke* MTMC (2020), Adam Harvey trabalhou com imagens das câmeras de vigilância da Universidade Duke, adicionando a fotogramas dessas gravações um mapa de calor. Esse tipo de mapa possibilita localizar um indivíduo ou onde grupos de pessoas se reuniram. Harvey mostra que, apesar de essas gravações de vigilância supostamente desaparecerem no fluxo de imagens que a universidade removeu dos seus servidores, os conjuntos de dados agregados a elas ainda circulam, como "fantasmas" que foram arquivados várias vezes.[52]

Técnica de visualização de dados, o mapa de calor mostra a magnitude de um fenômeno como cor em duas dimensões. A variação na cor, por matiz ou intensidade, revela como o fenômeno está agrupado ou se modifica. Muito usados no campo da biologia molecular para identificar o comportamento de genes em diferentes condições, os mapas de calor também traduzem graficamente diferentes situações: a presença de pessoas em um lugar, as informações sobre a temperatura corporal tomadas como índice de estado emocional e até dos focos de atenção de um usuário em uma página web.

Recurso que se popularizou com a pandemia do coronavírus, o mapa de calor está presente em uma série de trabalhos artísticos, como em *We Help Each Other Grow* (2017), de Thirun

---

[52] A. Harvey, *Face First: Researchers Gone Wild*, 2020, disponível em: ahprojects.com/researchers-gone-wild/.

Seelan, e em *Calar* (2011), de Gisela Motta e Leandro Lima.[53] No vídeo de Seelan, o artista imigrante faz uma alegoria de sua retenção no Sri Lanka, onde foi interceptado por câmeras térmicas, com uma pessoa dançando no telhado de uma casa na Inglaterra. Já em *Calar*, os mapas de calor indicam os estados emocionais de um casal, em imagens de afeto e confronto. De diferentes maneiras, essas obras problematizam a tradução do corpo em imagens que são pura latência, legíveis apenas pela interpretação algorítmica que decodifica padrões.

Esse pressuposto está na base do projeto *Coronário* (2020),[54] que registra os focos de atenção do público às palavras-chave que estruturam um texto sobre o impacto do coronavírus na cultura urbana e na linguagem cotidiana. Ao operar nessa faixa de captura dos movimentos de leitura, *Coronário* traz à tona um complexo de técnicas que combinam elementos da psicologia cognitiva, da semiótica e do marketing voltados para a captura daquilo que já foi sinônimo do lugar da liberdade: o olhar.

Estamos em um momento de profundas transformações sociais e econômicas, locais e globais. Catalisadas pela pandemia do coronavírus, essas transformações se impõem biopolítica e esteticamente. Inevitável pensar no que diria sobre esse tema o filósofo e urbanista Paul Virilio, que tantas vezes nos alertou para as dimensões políticas da industrialização da visão. Ela remete à automação da percepção e diz respeito à emergên-

---

53 Thirun Seelan, *We Help Each Other Grow*, 2017, disponível em: vimeo.com/212501867; Leandro Lima e Gisela Motta, *Calar*, 2011, disponível em: aagua.net/Calar.

54 Giselle Beiguelman, *Coronário*, 2020, disponível em: coronario.ims.com.br/.

cia de uma visão artificial, que delega às máquinas um olhar que não temos.⁵⁵

Na naturalização dos revólveres travestidos de termômetros e nas câmeras que recolhem a assinatura espectral dos nossos corpos, está contido, portanto, muito mais que a leitura da temperatura. Tais ferramentas trazem à tona, ainda que de forma cifrada por uma ciência militarizada, em imagens operacionais, as pautas de uma óptica algorítmica que é preciso aprender a ver. Porque ela já nos enxerga.

---

55 P. Virilio, *A máquina de visão*, trad. Paulo Roberto Pires. Rio de Janeiro: José Olympio, 1994, pp. 91-92.

3
ÁGORA
DISTRIBUÍDA

politicasdaimagem.ubueditora.com.br|capitulo-3

Astro Noise (2016), exposição individual da cineasta e jornalista Laura Poitras no Whitney Museum of American Art, de Nova York, reuniu um conjunto de obras que intrigava pelo caráter abstrato de suas imagens. Impactada pelas revelações de Edward Snowden sobre o projeto de vigilância de massa do governo dos Estados Unidos, a exposição fazia referência direta ao caso, a começar pelo seu título: *Astro Noise*. Na astronomia, esse termo define o rastro de radiação térmica que sobrou do Big Bang, e era esse o nome de um arquivo criptografado, contendo informações do Prism,[1] que Edward Snowden compartilhou com Poitras em 2013.

Todas as obras dessa exposição eram imagens de tecnologias de vigilância. Destaco aqui um conjunto particular, a série "Anarchist". Eram registros de drones israelenses e sírios cruzando o espaço aéreo da ilha de Chipre, interceptados pelos serviços de inteligência britânicos com um software homônimo. Elas revelavam a forma como os satélites enxergam: por meio do registro das ondas eletromagnéticas dos objetos. Por isso se

---

1 Prism é o nome do programa nacional de vigilância da Agência de Segurança Nacional dos Estados Unidos, denunciado por Edward Snowden ao jornal inglês *The Guardian* em 2013, que dava ao governo direito de acesso aos dados coletados por empresas como Google, Facebook, Microsoft e Apple.

veem linhas verdes cruzando o plano, que variam entre tons de vermelho, e outras formas geométricas, até o resultado de sua decodificação pelo software Anarchist. Pode-se dizer que Poitras fazia com essa série uma introdução pedagógica e estética ao mundo das imagens operacionais.[2]

Harun Farocki denominou as imagens de vigilância e rastreamento "imagens operacionais". Elas não "retratam um processo, são parte de um processo".[3] Seus pontos de vista não só transcendem a capacidade do olhar humano, um tema amplamente discutido entre os anos 1980 e o início dos 2000,[4] como também são legíveis apenas por máquinas. Isso nos coloca diante de outro fenômeno emergente: a circulação de "imagens invisíveis", como as nomeou o artista Trevor Paglen, que "não representam coisas,

---

[2] Sobre a exposição de Poitras, que dirigiu o premiado documentário *Citizenfour* (2014), sobre Snowden, ver Laura Poitras et al., *Astro Noise: A Survival Guide for Living under Total Surveillance*. New York: Yale University Press, 2016. Para uma introdução às filmagens de drones e sua relação com a leitura das ondas eletromagnéticas, ver Grégoire Chamayou, *Teoria do drone*, trad. Celia Euvaldo. São Paulo: Cosac Naify, 2015, pp. 88-90.

[3] Harun Farocki definiu o conceito de imagens operacionais em *Eye / Machine III* (2003) e discutiu o termo em uma série de artigos e entrevistas. Cf. Harun Farocki, *Eye/Machine III*, disponível em: harunfarocki.de/installations/2000s/2003/eye-machine-iii.html; e Thomas Elsaesser (org.), *Harun Farocki: Working the Sight-lines*. Amsterdam: Amsterdam University Press, 2004.

[4] P. Virilio, *A máquina de visão*, op. cit., pp. 13-36; Antoine Picon, *La Ville, territoire des cyborgs*. Besançon: Les Éditions de l'Imprimeur, 1998; Fredric Jameson, *Pós-modernismo: A lógica cultural do capitalismo tardio* [1992], trad. Maria Elisa Cevasco. São Paulo: Ática, 1997, pp. 171-95; P. Virilio, *O espaço crítico*, op. cit. Para uma revisão crítica do tema, ver Nelson Brissac Peixoto, "Arte móvel / Arte áerea", in Giselle Beiguelman e Jorge La Ferla (orgs.), *Nomadismos tecnológicos*. São Paulo: Senac, 2011, pp. 151-66.

elas *fazem coisas*",⁵ ocupando o cotidiano do espaço público com imagens e fazendo a nossa mediação com a vida urbana.

É verdade que o pensamento fotográfico é atravessado pela arquitetura e pela cidade desde as primeiras imagens feitas por Nièpce (1765-1833).⁶ E, novamente, temos aí toda uma tradição de pesquisa consolidada que vai dos estudos referenciais de Kevin Lynch (1918-84) e Giulio Carlo Argan (1909-92) aos dedicados à interpretação da documentação fotográfica como fonte histórica, como entre nós os de Boris Kossoy e Mauricio Lissovsky (1994). Isso tudo sem deixar de lado os dedicados de várias formas à cultura visual urbana e suas expressões nas artes visuais, como os de Robert Venturi (1925-2018) com Denise Scott Brown e Steven Izenour (1940-2001) e Nelson Brissac Peixoto.⁷

---

5   Trevor Paglen, "Invisible Images: Your Pictures Are Looking at You". *Architectural Design*, n. 1, v. 89, 2019, pp. 22-27; id., "Operational Images". *E-flux journal*, nov. 2014, disponível em: e-flux.com/journal/59/61130/operational-images/.

6   A respeito da relação entre fotografia, arquitetura e cidade, ver Lorenzo Rocha, *Building Architectural Images: On Photography and Modern Architecture*. Zurick: Scheidegger and Spiess, 2013, p. 47. Para uma revisão bibliográfica sobre o tema, ver Ana Ottoni, *A ruína brutalista: Sobre a fotografia e a nostalgia na contemporaneidade*. Dissertação de mestrado. São Paulo: Faculdade de Arquitetura e Urbanismo, Universidade de São Paulo, 2017, pp. 15-53.

7   Kevin Lynch, *A imagem da cidade* [1960], trad. Jefferson Luiz Camargo. São Paulo: WMF Martins Fontes, 1997; Giulio Carlo Argan, *História da arte como história da cidade* [1984], trad. Pier Luigi Cabra. São Paulo: Martins Fontes, 1992; Boris Kossoy [1989], *Fotografia & história*. Cotia: Ateliê, 2014; Mauricio Lissovsky, *Máquina de esperar: Origem e estética da fotografia moderna*. Rio de Janeiro: Mauad X, 2008; Robert Venturi, Denise Scott Brown e Steven Izenour, *Aprendendo com Las Vegas* [1972], trad. Pedro Maia Soares. São Paulo: Cosac Naify, 2003; Nelson Brissac Peixoto, *Paisagens urbanas* [1996]. São Paulo: Senac, 2004.

Contudo, hoje, a cidade não é apenas o horizonte do olhar. É o lugar que nos olha. Compreendida como um espaço de intersecção entre territórios informacionais e físicos, ela se transforma na interface privilegiada das novas tecnologias de imagem. Nela se projetam das potências em aberto pelas redes aos sistemas de controle que nos vigiam incessantemente, a partir de nossos duplos fantasmáticos e ficções projetadas. Curioso perceber, nesse contexto, a inflação da palavra "realidade". O sintoma mais evidente é a proliferação de termos como realidade virtual, realidades mistas, realidade aumentada, realidade expandida e realidade mediada. Acompanhando esse fenômeno, os teóricos da computação investem em taxonomias que pretendem dar conta de suas sutis diferenças.[8] Em conjunto, essas diferenças indicam as ênfases de cada uma delas: mais voltadas à suplementação do mundo físico com informações (caso da realidade aumentada) ou à sua superação, com recursos para modificar o real a partir de instâncias digitais (caso da realidade expandida ou *X-reality*).

O sucesso desse tipo de tecnologia é fruto da aproximação que promove com o mundo físico, ajudando-nos a não nos ades-

---

8 Cada um desses termos mobiliza repertórios conceituais e tecnológicos específicos. A esse respeito, ver Ronald T. Azuma, "A Survey of Augmented Reality". *Presence: Teleoperators and Virtual Environments*, n. 4, v. 6, 1 ago. 1997, pp. 355-85; Enrico Costanza, Andreas Kunz e Morten Fjeld, "Mixed Reality: A Survey", in Denis Lalanne e Jürg Kohlas (org.), *Human Machine Interaction: Research Results of the MMI Program*. Berlin: Springer, 2009, pp. 47-68; Paul Milgram e Fumio Kishino, "A Taxonomy of Mixed Reality Visual Displays". IEICE *Transactions on Information Systems*, n. 12, v. E77-D, dez. 1994, pp. 1321-29; e Steve Mann et al., "All Reality: Virtual, Augmented, Mixed (X), Mediated (X, Y), and Multimediated Reality". *arXiv:1804.08386* [cs], 20 abr. 2018, disponível em: arxiv.org/abs/1804.08386.

trarmos para sermos máquinas sentadas na frente de outras máquinas.⁹ Estamos, como sintetizou André Lemos, na fase do download do ciberespaço, em contraposição aos primeiros anos da internet, em que se acreditava em seu poder de desmaterialização dos corpos, em sua vocação para o apagamento do "sentido de lugar, comunidade e espaço público", e em que as ações se concentravam em um movimento de upload contínuo de relações sociais, instituições, processos e informações para o ciberespaço e fora do "mundo real".¹⁰

Tecnologias mistas, como a realidade aumentada, portanto, fazem mais que converter o celular em um *mix* de lente de aumento com visão de raio X. Elas confirmam uma antiga hipótese aristotélica: o homem é um ser político. Seu lugar é a pólis. A cidade, a rua. Não o escritório. Mas essa cidade é cada vez mais um complexo de redes e ruas. Estas, amalgamando bits e *bricks*, expandem a arquitetura para além das suas finalidades construtivas e convertem a cidade no lugar por excelência da mediação da vida social por imagens.

É o mundo da internet das coisas (*internet of things*, IOT) e da inteligência ambiental (*ambient intelligence*, AMI) o que se anuncia aí, carregando consigo as tensões intrínsecas à globalização corporativa promovida pelas grandes empresas de tecnologia da informação (TI). Novos paradigmas tecnológicos baseados na integração de diversos objetos às redes e interconectados entre si diferenciam-se por uma nuance. Enquanto a internet das

---

9 Pranav Mistry, *The Thrilling Potential of Sixth Sense Technology*, TED Índia, 2009, disponível em: ted.com/talks/pranav_mistry_the_thrilling_potential_of_sixthsense_technology.

10 André Lemos, "Cultura da mobilidade", in G. Beiguelman e J. La Ferla (org.), *Nomadismos tecnológicos*. op. cit., p. 29.

coisas foca na interconexão dos objetos às redes, em um modelo máquina-máquina, a inteligência ambiental tem como alvo o ecossistema entre máquinas e humanos. Na base de ambas, o pressuposto de que, em breve, praticamente todas as esferas do cotidiano (da comida ao mobiliário, passando por papéis e documentos) serão portadoras de um endereço IP (*internet protocol*).

Isso implicará profundas transformações no design e na produção industrial dos dispositivos, que deverão obedecer a modelos de interoperabilidade ainda não estabelecidos, e na própria arquitetura das redes, que demandam um nível de padronização, todavia inexistente. Do ponto de vista social, essa nova reviravolta tecnológica impõe um amplo espectro de discussões éticas e políticas, uma vez que a ideia de ambientes em que os nós da internet estarão relacionados a tudo – de objetos de consumo a lugares – possibilita uma escala de rastreamento, tanto quanto um grau de interconectividade criativa, sem precedentes.

Nada mais esclarecedor nesse processo do que as polêmicas que cercaram as possibilidades de uso de etiquetas com identificação por radiofrequência (*radio frequency identification*, RFID). Elas podem ser entendidas como tecnologias de imagem habilitadoras da internet das coisas. Diferentemente dos códigos de barra tradicionais, podem ser lidas a grandes distâncias e armazenar uma diversidade de informações, sem serem desativadas. São etiquetas menores que um grão de arroz e cada uma delas é única. Só existe uma para cada produto, mas a sua decodificação remota não é associada a um leitor específico. Elas permitem, por isso, a otimização de uma série de rotinas do cotidiano, ao mesmo tempo que potencializam o monitoramento do indivíduo.

Imagine a seguinte situação. Você é cliente de uma loja onde experimentou várias roupas. A loja usa etiquetas invisíveis de RFID nas peças que vende. Meses depois, você volta a essa mesma loja e uma tela lista, automaticamente, todos os produtos de que você pode vir a gostar. E se você gostar de alguma coisa, não precisará sequer passar seu cartão de crédito no caixa. Suas informações já estão no banco de dados e sua roupa nova será debitada automaticamente.

Parece muito prático e útil. Contudo, é bom saber que, se a pessoa entrar com sua roupa "radioidentificada" em outra loja, na qual nunca esteve antes, e essa loja tiver leitores de RFID, dependendo do método de codificação utilizado, esse segundo estabelecimento comercial pode acessar informações que estão associadas àquela roupa, via etiquetas inteligentes, tais como: onde foi comprada e quando e com que frequência o consumidor adquire produtos naquele outro comércio. E se a compra anterior tiver sido efetuada com cartão de crédito, dados pessoais como endereço, nome completo e telefone podem rapidamente ser rastreados e incorporados ao banco de dados da nova loja.[11]

O debate sobre a internet das coisas é complexo e a bibliografia sobre o tema evidencia posturas diversas e até antagônicas. Engloba abordagens que privilegiam mais seus aspectos "libertários", enfatizando o potencial da computação ubíqua para aproximar as pessoas, como no histórico paper de Mark Weiser ("The Computer of the 21st Century", 1991),[12] e tecnou-

---

11 Simson L. Garfinkel, Ari Juels e Ravi Pappu, "RFID Privacy: An Overview of Problems and Proposed Solutions". *IEEE Security Privacy*, n. 3, v. 3, maio 2005, pp. 34-43; Laura Hildner, "Defusing the Threat of RFID: Protecting Consumer Privacy through Technology-Specific Legislation at the State Level Note". *Harvard Civil Rights-Civil Liberties Law Review*, n. 1, v. 41, 2006, pp. 133-76.

12 Mark Wieser, "The Computer for the 21st Century". *Scientific American*, set. 1991, disponível em: scientificamerican.com/magazine/sa/1991/09-01/.

topias que apostam na necessidade de humanizar as máquinas, dotando-as da capacidade de pensar sem a nossa ajuda. Mas engloba, também, uma série de discussões que interrogam suas dimensões políticas e ideológicas. Nelas, chama-se atenção para o potencial de vigilância social embutida em dispositivos cada vez mais múltiplos, de roupas a objetos domésticos, configurados para armazenar nossas informações pessoais e conectá-las permanentemente a bancos de dados corporativos.

Do ponto de vista conceitual, é preciso ainda frisar que o termo "internet das coisas" é "um paradigma e muitas visões", que varia de acordo com os interesses, finalidades e formação de empresários, pesquisadores, usuários e políticos que o formulam. Há quem diga inclusive que o termo não faz sentido algum, pois, quando tudo estiver integrado às redes, só haverá internet e nada mais. Apesar de todos os impasses conceituais, técnicos, políticos e econômicos, estima-se que, em 2025, de acordo com um relatório do Conselho Nacional de Inteligência (National Intelligence Council, NIC) dos Estados Unidos, a internet das coisas deverá estar plenamente estabelecida e deixará nos arquivos da história a definição de internet como uma rede mundial de computadores. Ela deverá ser atualizada como rede mundial de computadores, pessoas, geladeiras e tudo o mais que nos cerca.

Tão importante quanto esses prognósticos, contudo, é perceber que esse processo de "coisificação" das redes (ou de "redificação" das coisas) já começou. E está diretamente relacionado à popularização de imagens operacionais, legíveis apenas por olhos maquínicos e dotadas de capacidade de fazer coisas. A utilização, cada vez mais comum, de QR-Codes (*quick response codes*, códigos de resposta rápida) é um indicador preciso desse processo. Espécie de avó da realidade aumentada, a tecnologia dos QR-Codes foi criada no Japão nos anos 1990.

Código de barras bidimensional, interpretado pela câmera do celular, os QRs expandem as informações contidas em textos, como na legenda de um quadro em um museu, por exemplo, adicionando conteúdos como textos e links que se abrem para áudio, vídeo e imagens, apresentados na tela do aparelho.

Sua saída gráfica, como um mosaico, lhe confere um charme estético especial e nos coloca diante de uma imagem de tipo novo: um compacto informacional que se interpõe ao mundo como uma membrana, pronta a ser penetrada. São várias as razões da sua disseminação. A facilidade de produzi-lo e sua versatilidade – adere a praticamente qualquer superfície, de papel a tecidos, passando por cimento, jardins e até comida – estão associadas à sua disseminação. Outro motivo de sucesso é o fato de nos liberar da tarefa tediosa de digitar nas minúsculas teclas dos celulares. Basta apontar a câmera e fazer automaticamente uma ligação, ou capturar informações sobre prédios históricos, procedência de alimentos nos supermercados, endereços, URLs e toda sorte de conteúdos publicitários. Tudo isso enquanto estamos em deslocamento.

Nesse sentido, os QR-Codes podem ser entendidos como a primeira forma de escrita visual, desenvolvida para leitores nômades, uma forma de percepção que pressupõe o sujeito em trânsito, *on the move* eternamente. Isso talvez explique por que se converteu em uma espécie de tatuagem das cidades do século XXI, transformando o celular em um controle remoto urbano, interpretando camadas agregadas aos objetos que nos cercam.

Estamos diante de uma nova tangibilidade. Ela é sensorial, tátil, concreta, mas também midiática. As imagens deixam de ser superfícies clicáveis e transformam-se em interfaces expandidas que borram os limites entre o real e o virtual. Consoles de jogo e telas de toque dos celulares são exemplos quase autoexplicativos dessas tendências. Elas apontam para a possibilidade de que as telas fiquem maleáveis e que sejam redimensionadas. Os dispositivos de projeção vão aderir a superfícies diversas, inclusive ao corpo, conforme a nossa necessidade. A computação será vestível. Não invejaremos mais o incrível sapatofone do Agente 86, nem o não menos incrível relógio faz-tudo de Dick Tracy. Seremos um híbrido de carne e conexão e os objetos, instâncias materiais dos fluxos de dados.

Esse é o pressuposto das tecnologias de inteligência ambiental, que pretendem criar sistemas capazes de reconhecer, adaptar-se e aprender com nosso comportamento e prover o ambiente com capacidade de personalização, adaptação e antecipação.[13] Migraríamos do mundo centrado no computador para o mundo em que o centro de gravidade seria a computação, como já ansiava o cientista Mark Weiser (1952-99) nos anos 1990. O *everywhere* seria suplantado pelo *everyware*[14] e, nesse contexto, a fusão da arquitetura com as redes tem importância fundamental.

É fato que a relação entre arquitetura e mídia não é nada nova. Alguns teóricos localizam nos vitrais das catedrais medievais e suas narrativas bíblicas as primeiras expressões de midiatização do ambiente construído. Mas se é certo que o uso de textos e imagens está presente no projeto arquitetônico há muitos séculos, com funções comunicativas que transcendem o uso meramente ornamental,[15] é certo também que as tecno-

---

13 S. Kember, "Ambient Intelligent Photography", in Martin Lister (org.), *The Photographic Image in Digital Culture*. London: Routledge, 2013, p. 57.
14 Adam Greenfield, *Everyware: The Dawning Age of Ubiquitous Computing*. Berkeley: New Riders, 2006.
15 Para uma leitura histórica do que se convencionou chamar "mídia arquitetura", ver Artur Vasconcelos Cordeiro, *Mídia arquitetura e mo-*

logias contemporâneas trouxeram ao espaço edificado outras dimensões sociais e políticas. Elas vão do uso de sensores para leitura ambiental, como foi feito no wz Hotel, em São Paulo, a projeções em grande escala que marcaram acontecimentos históricos recentes, como o movimento Occupy Wall Street, em Nova York, e a pandemia da Covid-19,[16] passando pela miríade de dispositivos biométricos que nos acompanham, dos caixas automáticos aos aeroportos.

A CIDADE COMO INTERFACE

A fachada do wz Hotel[17] foi dotada de sensores que indicam os níveis de poluição de São Paulo, de modo que as cores das luzes se alterassem em resposta às condições atmosféricas, funcionado como um farol da qualidade do ar da cidade. As tonalidades mais quentes, como vermelho e laranja, indicam maior grau de poluição. Já a predominância de cores frias, como azul e verde, indica que a qualidade do ar local é boa. Um aplicativo para celular dava ao público possibilidades de interpretar as informações cromáticas e alterar, momentaneamente, suas cores.

>   *dos de participar: Camadas informacionais e interfaces de engajamento no espaço público*. Tese de doutoramento. São Paulo: Faculdade de Arquitetura e Urbanismo, Universidade de São Paulo, 2020.
>   16 No período do isolamento social por conta da pandemia do coronavírus, as projeções urbanas tornaram-se uma das marcas do ativismo no Brasil. Por seus aspectos particulares no contexto político nacional, são tratadas no ensaio "Políticas do ponto br ao ponto net", ao final deste volume.
>   17 Estudio Guto Requena, *Light Creature*, 2015, disponível em: guto requena.com/p9808028/.

Em uma ação não prevista no projeto, esse recurso transformou a fachada em um dos palcos das lutas políticas que marcaram o processo de impeachment da presidente Dilma Rousseff. Tudo se passou no dia 20 de agosto de 2015, quando ocorreram as primeiras grandes manifestações em apoio a Dilma. Naquela noite, a fachada do wz Hotel foi tomada por uma batalha de luzes. Da janela de um apartamento iniciou-se a movimentação de tingir, por meio do aplicativo, o prédio de vermelho. Poucos minutos depois, de outra janela próxima, ele era "pintado" de azul. Anonimamente, a fachada convertia-se em plataforma de debate, dentro de um jogo de apropriações que fazia aparecerem os novos espaços urbanos: os territórios informacionais.

Esse tipo de ocorrência é exemplar de toda uma nova perspectiva de ativismo que vem se consolidando no mundo inteiro. Não por acaso, um dos acontecimentos políticos mais importantes das últimas décadas – o Occupy Wall Street – foi marcado pela tomada simbólica do edifício da Verizon, com uma grande projeção, na sua fachada, do célebre 99% que identificava o movimento. Reunindo dezenas de milhares de pessoas em um ato noturno na ponte do Brooklyn, a projeção celebrou o segundo mês da ocupação da praça Zuccotti, em 2011. Feita pelo artista Mark Read, foi apelidada de "Bat-sinal", em alusão ao facho de luz que a polícia de Gotham City dispunha para chamar o Homem Morcego em situações de perigo.[18]

É difícil localizar quando começa esse tipo de ativismo, que combina a projeção em grande escala, no espaço urbano, com ação política. Contudo, ele passa certamente por *Homeless Projection*, do artista Krzysztof Wodiczko, realizada nos anos 1980. Nesse pro-

---

18 Mark Read, *#Occupy Bat Signal for the 99% – Occupy Wall Street Video*, 2011, disponível em: youtu.be/n2-T6ox_tgM.

jeto, discutido em profundidade pela historiadora da arte Rosalyn Deutsche (1986),[19] Wodiczko abordou a situação dos desabrigados, projetando nos monumentos da Union Square, em Nova York, imagens da população que seria erradicada da praça devido à reurbanização dessa área. A intervenção foi repetida em diferentes ocasiões e lugares, e outras obras do artista poderiam ser citadas, como *The Tijuana Projection* (2001) e *Monuments* (2020).[20]

No entanto, para além das questões estéticas e políticas características de sua obra, ela também é referencial para pensar a história da apropriação da cidade, por meio de imagens que reinventam o patrimônio e os edifícios como arena compartilhada. Nesse contexto, os monumentos e a arquitetura tornam-se lugar de disputa e espaço a ser ocupado por instâncias provisórias e de exercício de outras formas de cidadania.

Abre-se a possibilidade de interagir com os dados no espaço público, criando estratégias de participação mediada digitalmente no espaço urbano. Essa confluência destaca relações físicas e arquitetônicas que apresentam novas questões de ordem estética, poética e também de ação política. Exemplos hoje históricos são os projetos realizados pelo coletivo estadunidense

---

19 Rosalyn Deutsche, "Krzysztof Wodiczko's 'Homeless Projection' and the Site of Urban 'Revitalization'". *October*, n. 38, 1986, pp. 63-98.
20 *The Tijuana Projection* (2001) discutia a exploração de trabalhadoras mexicanas nas montadoras estadunidenses. Em *Monuments* (2020), as histórias de vida de refugiados foram projetadas sobre o monumento ao almirante David Glasgow Farrago, implantado em 1881, no cemitério do Bronx, em homenagem aos seus feitos na Guerra Civil dos Estados Unidos; Wodiczko criou um paralelo entre a crise de refugiados desencadeada pela Guerra Civil Americana e as pessoas vindas para os Estados Unidos de campos de refugiados da África, América Central, sul da Ásia e Oriente Médio. Disponível em: krzysztofwodiczko.com/public-projections#/monument/.

Re+Public, que em 2011 promoveu uma intervenção urbana com realidade aumentada, substituindo a propaganda das ruas de Nova York com *street art* de artistas convidados. Em outra ocasião, o coletivo promoveu a restauração, também via realidade aumentada, de grafites pintados por Keith Haring (1958-90) no Soho, em 1982, e apagados no processo de gentrificação daquele bairro. Já no contexto dos protestos contra monumentos que se seguiram à morte de George Floyd, em maio de 2020, é importante lembrar o coletivo Blam UK, que criou um aplicativo para inserir em cidades inglesas, com realidade aumentada, novos monumentos, dedicados a personagens afrodiaspóricos.[21]

Se, ao longo dos anos 1990, especialistas discutiam como apropriar-se das redes para tornar a cidade mais interativa, hoje, com a capilarização da tecnologia no tecido social, a aposta está em como utilizá-las para interferir no seu cotidiano e torná-las mais participativas. Afinal, a questão central não é mais como dar acesso à interatividade ou à tecnologia em si, mas como potencializar o uso crítico e criativo da tecnologia, haja vista que diferentes políticas de incentivo ao consumo permitiram enorme inclusão tecnológica do ponto de vista material.

Esse incentivo, no entanto, especialmente no Brasil, não foi acompanhado de políticas educacionais e culturais voltadas ao uso dessas tecnologias. O resultado é um uso pouco criativo, concentrado em comunicação e download, via uso das redes sociais e do WhatsApp.[22] Iniciativas ativistas ganham relevo,

---

21 Blam, disponível em: blamhistorybites.org.
22 O acesso à internet no Brasil é feito majoritariamente via celular. Concentra-se nas redes sociais (77%) e nos serviços de mensagens (90%), principalmente o WhatsApp, seguido do Facebook Messenger. Essa realidade não é muito diferente da do espectro global como um todo, que é quase totalmente dominado pelo uso da internet móvel para atividades de

pois suas ações, garimpadas nos espaços residuais das redes, apontam para um capital simbólico latente, passível de reverter o uso puramente "funcionário" das tecnologias, na terminologia de Vilém Flusser,[23] já previsto na configuração dos equipamentos e confinado às redes sociais.

Não se trata de "hackear" pura e simplesmente um sistema, mas acoplar-se para criar plataformas comuns, algo que é marcante no pensamento urbanístico contemporâneo, especialmente nas iniciativas do Sul Global.[24] Em síntese, estamos falando aqui da migração da apologia do individualismo DIY (*Do it yourself*, Faça você mesmo) para o coletivismo do DIWO (*Do it with the others*, Faça com os outros), buscando soluções pontuais, que mobilizem outras estratégias de cidadania, a partir de propostas que vão do trânsito à moradia.

Ao reinventar as formas de ocupar as ruas e as próprias noções de política urbana, esse tipo de ativismo urbano faz com que a ideia de cidades inteligentes se confunda com práticas emer-

---

consumo, comunicação e entretenimento. Marcelo Henrique de Araújo e Nicolau Reinhard, "Quem são os internautas brasileiros? Uma análise a partir das habilidades digitais", in *Pesquisa sobre o uso das tecnologias de informação e comunicação nos domicílios brasileiros*. São Paulo: Comitê Gestor da Internet no Brasil, 2018, pp. 29-40, disponível em: cetic.br/media/docs/publicacoes/2/tic_dom_2017_livro_eletronico.pdf.

23 V. Flusser, *Filosofia da caixa preta*. São Paulo: Hucitec, 2008.

24 Para uma série de iniciativas desse perfil de urbanismo, com perspectivas do Sul Global, ver Pedro Gadanho (org.), *Uneven Growth: Tactical Urbanisms for Expanding Megacities*. New York: Museum of Modern Art, 2014; Marc Angélil e Rainer Hehl (orgs.), *Informalize!*. Berlin: Ruby, 2012, e as publicações do coletivo "A cidade precisa de você", disponíveis em: acidadeprecisa.org/publicacoes. Importante mencionar, ainda, ações como a da Ocupação 9 de Julho e do coletivo Fica, ligadas aos movimentos sociais por moradia e ao pensamento de políticas públicas alternativas para o problema da moradia.

gentes de cidadania, ecoando a noção de "urbanismo de código aberto" (*open source urbanism*). Não se trata mais apenas de planejar e regrar o espaço coletivo, mas, sim, de como se mobilizar para que essas regras sejam fluidas o suficiente para constituir e reconstituir o uso comum, conforme as necessidades do momento.

Isso implica migrar da ideia de uma cidadania digital – que se esgota no uso de aplicativos – para as práticas de uma cidadania em rede, pautada por ações colaborativas entre diversas partes. Intrínseca a essa discussão é a necessidade de problematizar a noção corporativa de *smart cities*, tão apetitosa a empresas de tecnologia da informação, como Cisco, IBM e Microsoft, contrapondo a elas modelos de inteligência distribuída. Via de regra, o que interessa a essas empresas é criar sistemas sob seu comando, invisíveis aos habitantes e sem nenhum diálogo com eles, prontas a serem descartadas assim que se descobrir um novo nicho de mercado.[25]

CLAUSTROFOBIA DE MASSA

Conforme se assenta o modelo de gestão corporativa das cidades, em que grandes players do mercado de TI substituem a figura tradicional do urbanista, o espaço urbano é rapidamente convertido em mercado de tecnologias inteligentes de vigilância,

---

[25] Para uma série de exemplos de políticas de dados abertos, ver Evgeny Morozov e Francesca Bria, *A cidade inteligente: Tecnologias urbanas e democracia* [2018], trad. Humberto do Amaral. São Paulo: Ubu Editora, 2019, pp. 106-77. Ver também Saskia Sassen, "Open Source Urbanism". *Domus*, 29 jun. 2011, disponível em: domusweb.it/en/opinion/2011/06/29/open-source-urbanism.html; e Adam Greenfield, *Against the Smart City*. New York: Do Projects, 2013.

que se propagam nos interstícios da infraestrutura. Em nome da segurança que comercializam, seus produtos devem prever os acontecimentos, mais do que preveni-los.[26]

O ambiente construído integra-se assim a uma rede de imagens feitas para não serem vistas. Interferir na sua realidade passa por construir relações espaciais entre elas, a fim de desmontar suas lógicas opacas. Como comentou Eyal Weizman, diretor e fundador do laboratório Forensic Architecture:[27] "Se no passado olhávamos para os modos como a sociedade era destruída, genocídios eram empreendidos e encobertos [...], hoje as imagens fazem o que a paisagem fazia: a cobertura dos traços".[28] Instaura-se, com isso, um regime de "visualidade invisível", no qual prevalece "uma cultura visual desmembrada dos olhos humanos".[29]

Toda imagem digital é potencialmente não humana, carregando uma série de camadas e informações que são legíveis apenas por máquinas. E é esse reduto inalcançável aos olhos e à linguagem humana que dá à visão computacional o poder de interferir no cotidiano, determinando o acesso a lugares, por meio de reconhecimento facial ou mapas de calor, na obtenção de um emprego, por meio de leitura da íris, e na prevenção da probabilidade de um

---

26 F. Bruno, *Máquinas de ver, modos de ser*, op. cit., p. 45.
27 O Forensic Architecture é um grupo interdisciplinar de arquitetos, cineastas, jornalistas, advogados e cientistas voltado à investigação de violações de Estado e de corporações em todo o mundo. Além de ter contribuído para a solução de crimes de guerra e de abuso de poder na Palestina, na Síria e nos Estados Unidos, seus trabalhos foram expostos em mostras internacionais, como a Documenta 14, premiados no Prix Ars Electronica (Linz, Áustria, 2017) e indicados ao Turner Prize (2018).
28 Eyal Weizman, "A arquitetura é um dispositivo óptico". seLecT, n. 47, v. 9, jun.-ago. 2020, pp. 64-67.
29 T. Paglen, "Invisible Images: Your Pictures Are Looking at You", op. cit., p. 25.

delito, através do sensoriamento dos seus movimentos e informações dispersas em incontáveis bancos de dados. É isso que Virilio chamou de "estado de claustrofobia de massa".[30]

Qualquer processo de visão computacional produz abstrações matemáticas das imagens que analisa, num diálogo contínuo entre seus algoritmos e os metadados que carrega.[31] Os erros são inevitáveis, haja vista que as máquinas não só enxergam por nós como agem de acordo com seus padrões.[32] É nesse sentido que Weizman insere no cerne do ativismo contemporâneo a necessidade de "'desler' as imagens e ir contra os modos pelos quais os poderes desenvolvem certas linguagens visuais",[33] algo que o Forensic Architecture faz com inquestionável rigor e é notável nos projetos de Adam Harvey e Trevor Paglen.

Weizman opera no eixo de uma estética forense, com foco nas instâncias que interrompem e suprimem o testemunho das vítimas. Incide, por isso, no tempo que ele define do "antes-depois" da imagem. O lugar em que se cruzam as ausências dos satélites, que não registram a presença humana, e o que as mídias de documentação pessoal não captam. Como na investigação para comprovação das ações de tortura e assassinato nos presídios geridos pelo governo sírio. Trabalhando com sobreviventes da prisão de Saydnaya, onde essas violações às leis internacionais são recorrentes, mas às quais advogados e jornalistas não têm acesso, o Forensic Architecture desenvolveu

---

30 P. Virilio, *The Administration of Fear*. Los Angeles: Semiotext, 2012.
31 T. Paglen, "Invisible Images: Your Pictures Are Looking at You", op. cit., p. 26.
32 Hal Foster, *O que vem depois da farsa? Arte e crítica em tempos de debacle*, trad. Célia Euvaldo e Humberto do Amaral. São Paulo: Ubu Editora, 2021, p. 152.
33 E. Weizman, "A arquitetura é um dispositivo óptico", op. cit.

um método que combina modelagem espacial e acústica para recriar, a partir dos depoimentos dos sobreviventes, os crimes que ali ocorrem desde 2011.[34]

O projeto VFRAME (2018),[35] acrônimo para Visual Forensics and Metadata Extraction, de Adam Harvey, partilha dos pressupostos metodológicos e políticos definidos por Weizman. Realizado com o Arquivo Sírio, uma organização dedicada a documentar crimes de guerra, o VFRAME é um conjunto de ferramentas de visão computacional para a área de direitos humanos. O foco é a identificação, em vídeos captados nas zonas de guerra, de bombas de fragmentação.

Conhecidas como armas-contêiner, bombas de fragmentação são bombas que carregam outros artefatos explosivos. São uma das criações mais horrendas da Alemanha nazista e continuam sendo usadas nas guerras do Oriente Médio. Um relatório do *Cluster Munition Monitor* mostrou que 98% das mortes causadas por esse tipo de armamento vitimizam civis. Entre 2012 e 2017, 77% das mortes por bombas de fragmentação ocorreram na Síria. Das 289 mortes ocorridas em 2017, 187 foram registradas ali.[36]

O VFRAME usa modelagem 3D e fabricação digital, combinadas a um software para criar novos conjuntos de dados de treinamento de imagem. O software de processamento de imagem principal inclui ferramentas capazes de organizar, classificar e extrair metadados de 10 milhões de vídeos em menos de 25 milissegundos,

---

[34] "Torture in Saydnaya Prison", disponível em: forensic-architecture.org/investigation/saydnaya; Eyal Weizman, *Forensic Architecture: Violence at the Threshold of Detectability*. New York: Zone, 2017, pp. 80–93.

[35] A. Harvey, VFRAME, disponível em: vframe.io/.

[36] Cluster Munition Coalition, *Cluster Munition Monitor 2018*, 2018, disponível em: the-monitor.org/media/2907293/Cluster-Munition-Monitor-2018_web_revised4Sep.pdf.

identificando neles a presença das bombas de fragmentação. Um trabalho impossível de ser feito manualmente.

Operando no mesmo campo da computação visual e de *machine learning*, em que se ensaiam os sistemas emergentes de controle, o vframe enuncia uma espécie de contramodelo. Sem buscar a massificação do uso da ia no tratamento de vídeo, aposta na possibilidade de torná-la um instrumento na defesa dos direitos humanos. Faz ver o que o olho humano não é capaz de enxergar, em vez de doutrinar o olhar para um mundo de pós-verdades e fake news.

Mais voltado ao lugar de produção das invisibilidades das imagens, Paglen cria representações para aquilo que cifram. Em *Cable Landing Sites* (2015), por exemplo, reúne fotos de pontos da orla marítima ladeadas por mapas náuticos acrescidos de informações reveladas por Edward Snowden, entre outras, que indicam o roteiro de viagem dos dados coletados pela Agência de Segurança Nacional (National Security Agency, nsa) dos Estados Unidos e de que forma seus serviços de vigilância ocultam o processamento das informações rastreadas. Em outra série, *Clouds* (2019), ele utiliza algoritmos empregados em diversos contextos de visão computacional, como mísseis teleguiados, drones, carros autônomos, reconhecimento facial, modelagem 3d, entre outros, e aplica essa visualização sobre as fotos que faz de nuvens, estabelecendo um lapso de compreensão entre as formas como as ias enxergam e as nossas.[37] Na síntese do crítico de arte Hal Foster: "Paglen mostra o sigilo em funcionamento".

---

37 Para algumas imagens dos trabalhos citados, ver Trevor Paglen, *Landing Sites*, 2015, disponível em: paglen.studio/2020/04/09/landing-sites/; id., *Clouds*, 2019, disponível em: paglen.studio/2020/05/22/clouds/; H. Foster, *O que vem depois da farsa?*, op. cit., p. 153.

Ele retrata suas estruturas "como abstrações que, contudo, nos indicam um sistema inteiro de capital, vigilância e controle".[38]

O anúncio da implantação do sistema Detecta, em 2014, pelo governo do estado de São Paulo ilumina essa situação em que as imagens, articuladas ao capital das corporações de TI e dos governos, passam a organizar a vida urbana. Desenvolvido pela Microsoft para a polícia de Nova York, onde foi implantado em 2012,[39] destaca-se por seu caráter relacional e por seu diferencial, a capacidade de identificar padrões de crimes praticados em cada região, a partir de outros registros armazenados. Um veículo que tenha transitado nas proximidades de dois ou mais roubos, com dias ou semanas de diferença, pode, assim, passar a ser rastreado automaticamente pelo sistema, sem que seja necessário que o policial faça uma requisição.

Em um primeiro nível, o funcionamento lembra cenas comuns em seriados de TV, do tipo CSI (*Crime Scene Investigation*). "Por exemplo, um suspeito foge em um carro vermelho em que só se sabe parte do número da placa. Com apenas isso, o sistema pode ser configurado para localizar todos os veículos com aquele número parcial, da mesma cor, e apresentar essas localizações em um mapa",[40] explicava a Secretaria de Segurança Pública do Estado de São Paulo à época da sua implantação.

---

[38] H. Foster, ibid., p. 151.
[39] Athima Chansanchai, "Microsoft and São Paulo Government Partner to Release Crime Monitoring System". *The Official Microsoft Blog*, 16 abr. 2014, disponível em: blogs.microsoft.com/blog/2014/04/16/microsoft-and-so-paulo-government-partner-to-release-crime-monitoring-system/.
[40] Secretaria de Segurança Pública do Estado de São Paulo, "Mapa de crimes", 17 abr. 2014, disponível em: ssp.sp.gov.br/acoes/leacoes.aspx?id=33833.

Esse modus operandi baseado em algoritmos que passam a tomar decisões e a operar como filtros está presente não apenas em equipamentos da infraestrutura urbana. Ele é alimentado pelo manancial de dados fornecidos voluntariamente por nós, como as imagens que são destinadas às redes e as armazenadas em sistemas públicos, operando nas fronteiras entre público e privado. O princípio de inteligência distribuída, que as utopias da internet traziam consigo, cai por terra. Afinal, é possível pensar em sistemas colaborativos sem pressupor arranjos indeterminados?

Conforme avança a plataformização[41] da vida, há menos possibilidades de apostar em deparar-se com o inusitado. O enredamento, em sistemas cada vez mais aderentes a todas as nuances do cotidiano, torna a vida sem dúvida mais ágil, mas com poucas chances de encontro com o inesperado. Talvez hoje Jorge Luis Borges (1899-1986) não fosse capaz de cogitar um jardim dos caminhos que se bifurcam, tão próximos que estamos da triste história, também contada por ele, dos habitantes de uma cidade que tentaram fazer um mapa tão preciso quanto um decalque. Se os jardins dos caminhos que se bifurcam nos colocam diante de vários futuros, que proliferam os tempos em uma infinidade de possibilidades em aberto, a tentativa de fazer um

---

41 Para Poell, Nieborg e Van Dick, com a web 2.0 e a explosão dos aplicativos no cotidiano, migramos da noção de plataforma como "coisa" para a de plataformização como processo. Gigantes como Google, Facebook e Apple estão de tal forma entranhadas na vida cotidiana que reorganizam as práticas culturais, a partir de uma nova infraestrutura econômica, política e ideológica. Thomas Poell, David Nieborg e José van Dijck, "Plataformização". *Fronteiras – Estudos Midiáticos*, n. 1, v. 22, 4 abr. 2020, pp. 2-10.

mapa perfeito, que coincidiria com a própria cidade, elimina toda possibilidade de imaginação.[42]

Em "Do rigor na ciência", Borges narra a obsessão dos cartógrafos de um império, que, não satisfeitos em ter elaborado um mapa tão perfeito que ocupava toda a cidade, fizeram outro ainda mais acurado e maior. Este último "tinha o tamanho do Império e coincidia pontualmente com ele". Mas essa escala de um para um, que se equipara ao próprio real, revelou-se inútil, pois suprimia a abstração na qual se baseia o conceito de mapa. Como resultado, as gerações seguintes abandonaram o local e nos seus desertos ficaram apenas ruínas. O mapa, tão preciso e sem margem para a elaboração das representações, havia matado a cidade.

Não por acaso, o historiador Carlo Ginzburg escolheu como epígrafe de seu livro de ensaios sobre a distância uma fala de Gepeto, o artífice do Pinóquio: "Grandes olhos de madeira, por que olham para mim?". Gepeto se dava conta de que os olhos do boneco de madeira o seguiam quando ele se movimentava. E nessa tomada de consciência, a partir do estranhamento, reconhecia sua alteridade (sua distância e diferença) e sua identidade (sua proximidade e equivalência) em relação a ele.[43] Que estranhamento é possível em um mundo em que o mapa é reela-

---

42 Jorge Luis Borges, "El jardín de senderos que se bifurcan", in *Ficciones* [1944]. Buenos Aires: Emecé, 2001, pp. 472-80; id., "Del rigor en la ciencia", in *Museo* [1946]. Buenos Aires: Emecé, 2001, p. 225 [ed. bras.: "Do rigor em ciência", in *O fazedor*, trad. Josely Vianna Baptista. São Paulo: Globo, 1999].

43 Carlo Ginzburg, *Olhos de madeira* [1998], trad. Eduardo Brandão. São Paulo: Companhia das Letras, 2001; Laura de Mello e Souza, "Lições da distância". *Jornal das Resenhas*, 13 out. 2001, disponível em: folha.uol.com.br/fsp/resenha/rs1310200101.htm.

borado como instrumento de antecipação não mais da rota, mas das imagens ao vivo (ou quase) dos lugares que desconhecemos?

Nestes nossos tempos dominados por imagens articuladas aos lugares em que foram produzidas (mídias locativas) e à interação entre os usuários, é inevitável sentir-se como um habitante desse império de Borges. A *flanêrie*, esse modo de perceber, perdendo-se e perambulando pelo terreno desconhecido da cidade, que encantava o poeta Baudelaire,[44] parece ser algo improvável. Os caminhos se antepõem, em realidade aumentada, na navegação do Google Maps, enquanto usuários do Waze reportam em tempo real o trânsito e câmeras de órgãos públicos transmitem imagens das principais rotas de tráfego. Uma nova cultura visual e um outro modo de olhar se enunciam nessas rotinas.

O pesquisador Francesco Lapenta caracteriza o fenômeno como uma linguagem visual emergente por meio de um novo conceito: geomídias. Elas são "plataformas que mesclam tecnologias existentes (mídia eletrônica + internet + tecnologias baseadas em localização e realidade aumentada) em um novo modo de imagem digital".[45] Compostas de dados inter-relacionados que mantêm o intercâmbio entre a comunicação e a experiência de deslocamento urbano, elas "estão para o espaço como o relógio está para o tempo. Elas regulam o comportamento social e coordenam as interações mediadas". Podem, por isso, "ser interpretadas como as novas ferramentas usadas para

---

[44] Walter Benjamin, *Charles Baudelaire: Um lírico no auge do capitalismo*, trad. José Carlos Martins Barbosa e Hemerson Alves Baptista. São Paulo: Brasiliense, 1989.

[45] Francesco Lapenta, "Geomedia: On Location-based Media, the Changing Status of Collective Image Production and the Emergence of Social Navigation Systems". *Visual Studies*, n. 1, v. 26, 15 mar. 2011, p. 15.

cadenciar a produção e a troca dessas mercadorias imateriais dominantes, imagens e informações".[46]

O Waze é a tradução mais precisa desse processo. Aplicativo com mais de 130 milhões de usuários no mundo, em 185 países, transformou a ideia de mapa em uma experiência coletiva e social e seus dados alimentam o Google Maps, seu proprietário desde 2013. Isso deve atualizar a frase, repetida por dez entre dez evangelizadores de mídia, *"If you are not in Google, you don't exist"* por "O que não estiver localizado no Google Maps não existe". Uma nova geopolítica está posta. Ela está embarcada em uma territorialidade distribuída entre as redes e a cidade física, que emaranha os poderes políticos do Estado e das corporações. Não há expressão mais contundente dessa imbricação que o conflito entre o Google e a China em 2009, marcando a irrupção da Primeira Guerra "Sino-Googlesa" da história. Nesse conflito, duas lógicas de poder disputaram o controle sobre o território chinês, a partir de seu domínio sobre o território informacional.[47]

Recordemos aqui que o Google operava na China desde 2006. De olho no mercado de bilhões de novos consumidores, a empresa renunciou ao seu slogan *"Don't be evil"*, concordando em impor mecanismos de censura aos resultados das buscas. O acesso aos conteúdos bloqueados, no entanto, era informado aos usuários como "conteúdo removido". Isso desagradou ao governo chinês, uma vez que tornava público e oficial o que já se sabia: a internet chinesa tem interferência governamental. Em 2009, o Google dominava 30% do mercado de buscas na China e, diante do crescimento de sua popularidade, resolveu que não controla-

---

46 Ibid.
47 Benjamin H. Bratton, *The Stack: On Software and Sovereignty*. Cambridge: MIT Press, 2016, pp. 112-15.

ria mais os resultados em seu sistema. O clímax da tensão entre as duas potências culminou com uma série de ataques aos servidores do Google no começo de 2010, atribuídos a hackers chineses. As atividades da empresa foram transferidas para Hong Kong e em 2014 todos os seus serviços foram bloqueados no território chinês, ao mesmo tempo que a China se consolidava como uma nova potência no mercado, com empresas hoje do porte da Alibaba e novas redes sociais, como o TikTok.[48]

O *affair* entre as duas superpotências ilustra não só a consolidação de uma nova geopolítica do mundo globalizado como também a contundência dos algoritmos na vida social. Isso ilumina o porquê de um dos "alvos" favoritos de artistas ativistas ser o Google Maps, especialmente o seu recurso *street view*, interpretado como um sofisticado aparato de rastreamento. Nessa seara, um dos trabalhos mais contundentes é *Street Ghosts*, do artista italiano Paolo Cirio. Nele, Cirio busca imagens de pessoas em fotos do Google Street View e as reproduz em estênceis em escala humana, imprimindo e colando "o fantasma" no lugar onde foi fotografado. Para além de estabelecer uma interessante cumplicidade entre a *street art* e a *net art*, o projeto coloca em discussão a interpenetração do debate sobre privacidade na internet e no espaço público, destacando como dados particulares – como as imagens pessoais nas ruas – são apropriados sem consentimento.

Cirio comenta que sua obra é uma performance que explicita um conflito. "É uma performance em um campo de batalha, onde se desenrola uma guerra entre interesses públicos e privados para ganhar o controle sobre nossa intimidade e hábitos,

---

[48] Matt Sheehan, "How Google Took on China – and Lost". MIT *Technology Review*, 19 dez. 2018, disponível em: technologyreview.com/2018/12/19/138307/how-google-took-on-china-and-lost/.

que podem ser alterados de forma permanente, dependendo do vencedor." Nesse conflito, que envolve algoritmos, corporações, governos e a sociedade civil, diz ele, "corpos humanos fantasmagóricos aparecem como vítimas da infoguerra na cidade".[49]

Essa infoguerra teve entre suas mais conhecidas vítimas o ativista australiano Julian Assange, fundador do portal de vazamento de informações WikiLeaks, que revelou, em 2010, uma série de telegramas diplomáticos. Assange ficou refugiado na embaixada do Equador, em Londres, de 2012 a 2019, para evitar sua extradição à Suécia, onde é acusado de crimes sexuais, e sua entrega aos Estados Unidos, país mais comprometido pelo vazamento de informações via WikiLeaks. Sob custódia da Polícia Metropolitana londrina desde 2019, Assange viveu sob forte esquema de segurança na embaixada, sem poder sequer sair na sacada, pelo risco de atentados. Ali, ele protagonizou uma verdadeira odisseia de desarme de sistemas de segurança internacionais, sem que um tiro fosse disparado.

Tudo aconteceu quando o australiano foi escolhido como destinatário de uma entrega do grupo de ativistas !Mediengruppe Bitnik. Recuperando a tradição da *mail art* dos anos 1970, o coletivo baseado na Suíça resolveu enviar, no dia 16 de janeiro de 2013, um pacote para a embaixada do Equador em Londres, endereçada diretamente a Assange.[50] O pacote continha uma câmera que, por uma abertura da caixa, documentava o trajeto ao longo do sistema do Correio Real da Inglaterra. As imagens capturadas eram transmitidas em tempo real para o site do cole-

---

49 Paulo Cirio, *Street Ghosts Project*, 2012, disponível em: streetghosts.net/.
50 !Mediengruppe Bitnik, *Delivery for Mr. Assange*, 2013, disponível em: bitnik.org/assange/.

tivo e para sua conta no Twitter, de forma que o rastreamento podia ser acompanhado por qualquer pessoa enquanto o pacote viajava até seu destinatário.

É surreal pensar que, em tempos de Detecta e monitoramento por geomídias, um pacote de papelão tenha furado em, 32 horas, todos os esquemas de segurança e, conectado à internet, chegado firme e forte ao seu destinatário final: Mr. Assange. E que ele, um dos homens mais visados do planeta, não só recebeu o pacote como ainda posou, com cara de sono, para a web câmera, para mostrar ao mundo as mensagens "insidiosas" ali contidas: "A arte postal é contagiosa", "Justiça para Aaron Swartz", "Bem-vindos ao Equador", "Continuem lutando", entre outras.

Ações como essa do !Mediengruppe Bitnik evidenciam que os sistemas de vigilância e controle contemporâneos trazem uma ambivalência estrutural: por serem distribuídos e pretenderem abarcar todas as nuances do tecido social, tornam-se vulneráveis a partir de algumas frestas pelas quais são feitos ataques mais ou menos daninhos. Isso porque, apesar de serem construídas para tudo ver sem serem vistas, essas estruturas de vigilância e controle são sistemas em rede que, como tal, podem ser hackeados, com o objetivo de dar visibilidade ao que pretendem esconder.

Vai nessa direção o happening promovido pelo artista alemão Simon Weckert, que "quebrou" o Google Maps, criando um falso congestionamento em uma pacata rua em Berlim, tendo como ponto de partida o endereço dos escritórios do Google.[51] Portando um pequeno carrinho de mão e 99 celulares ligados ao seu GPS, Weckert simulou um súbito afluxo de trânsito ao local,

---

[51] Simon Weckert, *Google Maps Hacks*, 2020, disponível em: simonweckert.com/googlemapshacks.html.

confundindo o sistema. É o monitoramento dos dados que doamos, muitas vezes sem saber, sobre o nosso deslocamento o recurso utilizado para informar os usuários sobre a situação do tráfego urbano. Esses dados alimentam aplicativos diversos como os de bicicleta, entrega de comida e relacionamento, como o Tinder. Por isso, não seria exagero dizer que, se a cartografia foi desde sempre um exercício de poder sobre o território, hoje é um instrumento central de organização da vida, modelando as ações sociais.[52]

É nessa perspectiva que as inteligências ambientais se revelam mais claustrofóbicas e daninhas, ainda que, nas visões mais otimistas, as AmIs seriam uma "forma de computação disciplinada e servil", sempre voltada ao usuário final.[53] Contudo, em um mundo mediado por bancos de dados de toda sorte, somos uma espécie de plataforma que disponibiliza informações e hábitos, conforme construímos nossas identidades públicas nos diversos serviços relacionados ao nosso consumo, lazer e trabalho. Somos, portanto, corpos informacionais que podem não só transportar dados, como também ser entendidos como um campo de escaneamento e digitalização de informações. Tomografias computadorizadas, ressonância magnética, mamografia e vários tipos de

---

[52] Moritz Ahlert, "The Power of Virtual Maps". *Hamburger Journal für Kulturanthropologie* (HJK), n. 9, 2 jul. 2019, pp. 51-57.
[53] Sarah Kember toma uma reflexão de Lucy Suchman como ponto de partida para sua crítica às AmIs. Essa crítica, que remete ao quadro das teorias feministas das redes de Donna Haraway e Katherine Hayles, entre outras, aponta que nossa relação com a tecnologia reproduz o pensamento patriarcal, buscando operações que atualizam o binômio senhor / escravo. S. Kember, "Ambient Intelligent Photography", op. cit., p. 60; Lucille Alice Suchman, *Human-Machine Reconfigurations: Plans and Situated Actions* [2006]. Cambridge: Cambridge University Press, 2007.

ultrassonografia são alguns dos métodos corriqueiros desse processo de intelecção da vida por imagens, como um campo da computação e das ciências da informação.

Isso tende a se acirrar, conforme se popularizam os métodos de investigação genética e sua distribuição pela internet. No limite, foi isto que o Projeto Genoma fez: converteu nossa compreensão do corpo, antes entendido como um arranjo de carne, ossos e sangue, em um mapa de informações sequenciadas em computador. A situação faz pensar que um dia poderemos subitamente encontrar parte de nosso código genético no Google ou "piratear" o DNA de alguém via um site de compartilhamento de dados e conteúdo, como já se faz com música, filmes e textos. E esse prognóstico não parece ser uma hipótese extravagante. Propriedade inalienável do homem, o corpo humano tornou-se alvo de disputas biotecnológicas que levam a escala da computação para o nível molecular do indivíduo.

É possível que em breve tenhamos saudade da época em que temíamos ter o CPF, o cartão de crédito ou dados pessoais rastreados, pirateados ou clonados, simplesmente por tê-los compartilhado de alguma forma pela internet. Em outras palavras, sentiremos saudade do tempo em que invasão de privacidade significava manipular informações relacionadas à nossa pessoa jurídica ou física. As informações sobre as quais falamos aqui vêm do nosso corpo e são codificadas computacionalmente, entranhadas a nossa experiência de ir e vir no espaço urbano.

A leitura da íris, por exemplo, mapeia anéis e pontos no globo ocular. A representação codificada dessa leitura é arquivada em um banco de dados, permitindo a identificação do indivíduo em segundos e o cruzamento das informações com outras.

Como diz a sabedoria popular, os olhos não mentem. Contudo, o que nem sempre se sabe é que esse tipo de análise biométrica é frequentemente associado a uma série de aplicações comerciais e procedimentos que vão muito além da segurança e da saúde pública. Sistemas ópticos de escaneamento podem revelar instantaneamente, em um clique, o consumo de drogas e álcool, gravidez e doenças como o diabetes, dispensando procedimentos considerados invasivos. Mas podem estar, e cada vez mais estão, associados ao monitoramento de funcionários no trabalho e transações bancárias.[54]

Patenteados e monopolizados por empresas, os algoritmos relacionados a esse tipo de tecnologia convertem-se em um imbróglio entre poder público, poder corporativo e soberania do indivíduo sobre seu corpo no tempo e no espaço. Isso porque permitem não só identificar, como traçar um perfil histórico e georreferenciado das suas ações, comparando informações colhidas em câmeras, nas ruas e nas redes, com informações fisiológicas, como a temperatura do corpo, armazenadas em bancos de dados corporativos. A obra *Your Body Is a Battleground* [Teu corpo é um campo de batalha] (1989), da artista Barbara Kruger, ganha súbita atualidade. Enquanto somos mapeados por inumeráveis algoritmos relacionados a bancos de dados proprietários, emergimos como o grande filão em disputa dos fluxos informacionais.

Outros métodos de monitoramento do corpo, como microchips, RFIDs implantáveis, nanorrobôs e proteínas biossintéticas, que coletam dados sobre a fisiologia molecular, são campos de investigação cada vez mais promissores. Por outro lado, diversas formas de computação e câmeras vestíveis indicam que estamos nos candidatando a modos de vigilância consensuais e

---

54 Para um panorama dos problemas éticos e das implicações dos sistemas biométricos, ver S. Zuboff, *The Age of Surveillance Capitalism*, op. cit., pp. 254-64.

laterais que implicam compartilhamento de dados associados a gestos e históricos pessoais, sobre os quais não temos controle nem consciência alguma.

Ainda que, em grande parte, em estágio experimental ou restritos ao uso militar e em centros avançados de pesquisa medicinal, vários dispositivos biotecnológicos estão disponíveis para o público e conectados em rede. Prova disso é a popularidade de aplicativos relacionados à saúde física, que oferecem recursos para monitoramento dos batimentos cardíacos e pressão sanguínea,[55] e mental (os PsiApps), um mercado que cresce velozmente e é dominado por recursos voltados ao controle da ansiedade.[56] Esses aplicativos utilizam os sensores dos equipamentos para geolocalizar seus "pacientes" e, nas suas versões mais complexas, relacionar essas informações a dados fisiológicos.

A visibilidade do indivíduo no espaço físico torna-se inevitável. Como diz a pesquisadora Fernanda Duarte, "você pode optar por não compartilhar a sua localização quando acessa um website ou pode desligar o celular se não quiser ser incomodado, mas você não pode desligar o seu corpo".[57] Isso, combinado ao uso de biotecnologias cutâneas,[58] pode levar a uma contamina-

---

[55] "Using Smartphone Apps for Heart Health". *Harvard Health*, set. 2005, disponível em: health.harvard.edu/heart-health/using-smart phone-apps-for-heart-health; S. Kember, "Ambient Intelligent Photography", op. cit., p. 60.

[56] F. Bruno, *'Tudo por conta própria': Aplicativos de autocuidado psicológico e emocional*. Rio de Janeiro: Media Lab UFRJ, maio 2020, disponível em: medialabufrj.net/publicacoes/2020/relatorio-tudo-por-conta-propria-aplicativos-de-autocuidado-psicologico-e-emocional/.

[57] G. Beiguelman, "Teu corpo é um campo de batalha". *seLecT*, n. 13, v. 9, ago./set. 2013, p. 55.

[58] Esse tipo de tecnologia é orientado para o desenvolvimento de sensores vestíveis que podem ser utilizados para monitorar o ambiente

ção de tipo novo, via bancos de dados, fazendo com que o corpo humano se torne "naturalmente" hackeável. Esse devaneio, depois da divulgação do Prism e do escândalo da Cambridge Analytica,[59] faz pensar que informações tão íntimas e particulares também podem um dia "vazar" de instâncias corporativas para governamentais, e vice-versa.

No trabalho da artista Heather Dewey-Hagborg, essa conjectura já é realidade e está no centro de suas preocupações estéticas e políticas. Em *Stranger Visions* (2013),[60] ela utiliza kits de investigação de DNA disponíveis na internet por cerca de duzentos dólares para coletar material genético a partir de "vestígios" deixados por qualquer pessoa nas ruas. Esses vestígios vão de bitucas de cigarro a chicletes mascados, passando por fios de cabelo e guardanapos usados. Depois de sequenciar o material em laboratório, Dewey-Hagborg importa o código genético para um programa de reconhecimento facial, utilizado em investigações policiais. Modificado pela equipe da artista na Universidade de Nova York, esse programa foi adaptado para impressoras de

e o corpo, a partir de informações emitidas pela reação das células a estímulos internos e externos. Jeniffer Chu, "Engineers 3-D Print a 'Living Tattoo'". *MIT News*, 5 dez. 2017, disponível em: news.mit.edu/2017/engineers-3-d-print-living-tattoo-1205.

59 Cambridge Analytica é o nome da empresa responsável pela coleta de informações de cerca de 50 milhões de usuários do Facebook, a partir de um aplicativo que oferecia um teste psicológico aos usuários, chamado "This is your digital life" (Essa é sua vida digital). Com esse aplicativo, foram capturadas informações não só dos participantes do teste, como também de todos os amigos relacionados àquele perfil no Facebook. A massa de dados coletada foi utilizada para direcionar mensagens, publicidade e fake news com a finalidade de eleger Donald Trump.

60 Heather Dewey-Hagborg, *Stranger Visions*, 2013, disponível em: deweyhagborg.com/projects/stranger-visions.

fabricação digital. O resultado são impressionantes máscaras de rostos – retratos escultóricos, como denomina a artista –, cujos códigos genéticos são disponibilizados em uma plataforma de software open source (GitHub).

Em *Probably Chelsea* (2017),[61] Dewey-Hagborg avança em sua especulação sobre o corpo digitalizado, questionando as possibilidades de manipulação ideológica da genética. A instalação gira em torno da identidade e história de Chelsea Manning, ativista transgênera que foi analista de inteligência do Exército dos Estados Unidos. Na época em que ainda era conhecida como Bradley Edward Manning, ela foi responsável pelo vazamento dos documentos que, em 2010, o WikiLeaks tornou públicos. Hoje seu nome é associado à defesa dos direitos da população trans e das políticas de transparência governamentais.

A parceria entre Dewey-Hagborg e Manning começou em 2013. Na época em que Chelsea esteve na prisão, não circularam imagens suas, a não ser uma velha e desbotada foto 3×4 de seu rosto, do tempo em que era militar. Dewey-Hagborg resolveu recuperar esse corpo ausente e fazer seu retrato, com base no DNA da própria Chelsea, enviado da prisão à artista. O resultado desse processo são trinta retratos impressos em 3D. Para sua execução, foi realizado um processo de manipulação algorítmica do código genético de Chelsea Manning. A consequência disso é muito perturbadora. Pois, a partir do conjunto de dados extraídos do DNA de Chelsea Manning, aparece uma variedade de tipos físicos, em termos de cor, gênero e feições.

Apresentadas em conjunto e modeladas em impressão digital 3D, essas máscaras enigmáticas levantam questões sobre a

---

61 Id., *Probably Chelsea*, 2017, disponível em: deweyhagborg.com/projects/probably-chelsea.

política de produção de imagens em uma nova era de vigilância. Nela se combinam a governança biométrica e um futuro dominado pelo design dos corpos. As "estranhas visões" provocadas pela artista não só descortinam as novas dimensões das biopolíticas do século XXI como fazem pensar, também, que estamos testemunhando a reconceituação do que se entendia por natureza. Em sintonia com as conquistas científicas, os limites entre natureza e cultura perdem a definição e indicam novas dimensões estéticas e cognitivas. Não se fala aqui de uma pós-natureza, mas de uma próxima natureza. Até porque vivemos hoje em meio a uma constelação de produtos, como tomates transgênicos e gatos hipoalergênicos, que são "autenticamente artificiais", como diz o designer holandês Koert van Mensvoort, editor do blog Next Nature.[62]

Nesse mundo, configura-se todo um novo imaginário, em que as noções de gênero, reinos – vegetal, animal e mineral –, idade e nacionalidade se diluem, abrindo-se em direção a outros modos de ser e existir. Vale dizer que, na teoria e na prática, os limites entre natureza e cultura nunca foram precisos e não são estanques. A filosofia contemporânea contesta a visão dualista dessa relação. Propõe uma reflexão alinhada com a emergência de dispositivos que não cabem mais em definições puras do que é humano e do que não é. Expoente dessa corrente de pensamento é o filósofo francês Bruno Latour. Ele reflete sobre o caráter híbrido da nossa contemporaneidade, mediada pela expe-

---

[62] Koert van Mensvoort, "Real Nature is not Green". *Next Nature*, 6 nov. 2006. Disponível em: nextnature.net/story/2006/real-nature-isnt-green.

riência de objetos e situações que são um complexo dinâmico de elementos da natureza e da cultura.[63]

Contudo, trata-se aqui de uma experiência emergente da subjetividade e da sensibilidade contemporâneas. Nela vestem-se papéis e constroem-se identidades momentâneas, subvertendo os limites entre o tubo de ensaio e a programação algorítmica. Definitivamente, para além de todas as conquistas que ainda estão por vir, na área da saúde e em outros campos, a era da vigilância biotecnológica coloca em pauta a gestação de novas políticas de controle e mobilidade. Elas embaralham, sob parâmetros inéditos, os limites entre público e privado, corporativo e governamental, máquinas e homens. Apesar de serem extremamente sofisticados, esses sistemas biotecnológicos falham, especialmente ao lidar com a alteridade, criando novas interdições e exclusões.

---

[63] Bruno Latour, *Jamais fomos modernos: ensaio de antropologia simétrica*, trad. Carlos Irineu da Costa. São Paulo: Editora 34, 2019. Ver também, a esse respeito, Lucia Santaella, *Culturas e artes do pós-humano: Da cultura das mídias à cibercultura*. São Paulo: Paulus, 2003.

4 EUGENIA MAQUÍNICA

politicasdaimagem.ubueditora.com.br|capitulo-4

Como se sabe, computadores não enxergam. Os conteúdos visuais são mapeados pelas palavras que os descrevem e pelo reconhecimento de alguns padrões, como linhas, densidades e formas. Esses padrões designam, por exemplo, o que supostamente são seios, nádegas e pênis nas fotos que postamos na internet. Podem, por isso, funcionar como primeiro operador da censura das imagens nas redes sociais, fato que vem se tornando cada vez mais corriqueiro.

Os bloqueios atingem desde conteúdos históricos até a arte contemporânea e impactam as formas como decidimos utilizar as redes. Há casos, como o da foto de índios botocudos feita por Walter Garbe em 1909, que levaram à interdição de uma postagem da página do Ministério da Cultura no Facebook. Ela mostrava uma indígena com os seios nus e havia sido escolhida para ilustrar o lançamento, em 2015, do Portal Brasiliana Fotográfica. Depois de protestos, inclusive do governo brasileiro à época, foi liberada.[1] Há outros casos, porém, que evidenciam nuances mais micropolíticas dos processos de seleção, como os relacionados a diferenças de tratamento do corpo masculino e do feminino no Instagram.

---

1 André de Souza, "Ministério da Cultura vai entrar na Justiça contra Facebook por foto de índia bloqueada". *O Globo*, 17 abr. 2015, disponível em: glo.bo/3xdX0E0.

Até o fim de 2020, o Instagram lidava de forma diferente com os bustos nus masculinos e os femininos, sendo os últimos proibidos. Entretanto, quando se isola o mamilo nas fotos, é impossível saber a qual gênero pertence. E foi justamente essa a estratégia usada pelo perfil Genderless Nipples[2] para desafiar as regras sexistas dessa plataforma: ele publicava exclusivamente fotos de mamilos. A batalha on-line contra a misoginia algorítmica foi protagonizada por vários protestos de mulheres que compartilhavam fotos de amamentação, evidenciando os matizes ideológicos dos processos que envolvem visão computacional, um dos campos mais importantes da área de inteligência artificial.

Portanto, quando falamos de visão computacional, falamos de métodos de processamento de informações contidas nas imagens digitais que são interpretadas por um software. Esses métodos envolvem aprendizado de máquina e têm uma catalogação preliminar que os cientistas chamam de rotulação.

Muito embora os métodos de aprendizado de máquina semisupervisionados e não supervisionados sejam cada vez mais comuns, dispensando parcial ou integralmente o processo de rotulação direta das imagens, eles partem de conjuntos de dados que já foram rotulados, podendo-se afirmar que a etapa de rotulação é ainda preliminar aos processos de *machine learning*.

A pesquisadora Kate Crawford e o artista Trevor Paglen explicam o processo e é a eles que recorro para mapear o procedimento. Para que um sistema de inteligência artificial possa

---

[2] "Genderless Nipples", *Instagram*, 2017-2019, disponível em: instagram.com/genderless_nipples/; Tatiana Dias, "Esta conta no Instagram quer desafiar as políticas de censura a mamilos na internet". *Nexo Jornal*, 19 jan. 2017, disponível em: nexojornal.com.br/expresso/2017/01/19/Esta-conta-no-Instagram-quer-desafiar-as-pol%C3%ADticas-de-censura-a-mamilos-na-internet.

reconhecer a diferença entre imagens de maçãs e laranjas, por exemplo, é preciso que seja abastecido com milhares de imagens de maçãs e laranjas, previamente rotuladas (isto é, associadas a um conjunto de palavras-chave). Essa entrada de dados municia o software para realizar um levantamento estatístico das informações contidas nas imagens e desenvolver um modelo para reconhecer a diferença entre as duas "classes" (maçãs e laranjas, no caso). Essa fase é o que chamamos de treinamento ou aprendizagem maquínica. Nela são computadas as informações textuais (os rotuladores). A partir daí, pode-se passar para o aprendizado profundo (*deep learning*), quando os padrões inscritos nas diversas camadas da imagem, como informações sobre cor, disposição dos pixels, coordenadas geométricas, entre outras, são identificados.[3]

A operação de treinamento dos algoritmos é feita atualmente por meio de redes neurais, uma arquitetura computacional que tem por analogia o funcionamento do cérebro (daí o nome "neural"). Nesse processo, os algoritmos vasculham as informações inscritas no código de um arquivo para identificar as conexões internas entre os dados alocados, como bordas e perspectivas, e as dos outros arquivos do mesmo conjunto. Com essa identificação, são capazes de agrupar esses dados, classificá-los e prever comportamentos e ações.

Esse modelo marcou uma verdadeira revolução no campo das imagens com o desenvolvimento das redes generativas adversárias (*generative adversarial networks*, GANs). Nessa arqui-

---

[3] Kate Crawford e Trevor Paglen, "Excavating AI", 19 set. 2019, disponível em: excavating.ai. Para um detalhamento sobre a arquitetura da imagem digital, ver Richard Szeliski, *Computer Vision: Algorithms and Applications* [2010]. Vienna: Springer, 2021.

tetura, apresentada pela primeira vez em 2014, duas redes são colocadas uma contra a outra, atuando respectivamente como geradoras e discriminadoras. Compete à primeira criar imagens e à segunda decidir se aquela imagem é real ou falsa. Do jogo de gato e rato entre algoritmos, o discriminador aprende a reconhecer e classificar as imagens verdadeiras.

Mas o reverso também ocorre. Quanto mais o discriminador aprende a reconhecer as imagens falsas, mais o gerador aprende a enganá-lo. Essa é a receita por trás de um vídeo *deepfake*[4] e o que explica a razão de celebridades e personalidades públicas serem mais vulneráveis que outros usuários das redes a se transformar em protagonistas de um vídeo "profundamente falso". A quantidade de imagens disponíveis on-line dessas pessoas é muito maior que a de outros usuários, fornecendo mais dados para o aprendizado de seus gestos, expressões faciais e fala.

RACISMO ALGORÍTMICO

O perfil e a quantidade de dados são importantes para compreender a arquitetura dos preconceitos de base algorítmica. O processo de indicação do novo James Bond para suceder a Daniel Craig, protagonista pela quinta e última vez de um filme do céle-

---

4 O termo *deepfake* é um neologismo que apareceu no Reddit, uma rede social de discussões temáticas, em novembro de 2017, como apelido de um usuário e nome de um fórum dedicado a aplicar tecnologias de aprendizagem profunda (*deep learning*, de onde vem o *deep* de *deepfake*) para fazer sinteticamente a troca de rostos (*face-swapping*, o processo de falsificação que remete ao *fake* da palavra) de atrizes pornôs por rostos de celebridades. Banida no início de 2018 do Reddit, como grupo, a prática do *deepfake* é fato consolidado.

bre espião (*Sem tempo para morrer*, 2021), explicita essas relações. Ele foi feito por inteligência artificial e o eleito foi Henry Cavill, ator britânico que ficou famoso com o papel de Super-Homem em *Batman vs Superman – A origem da justiça* (2016). Foi o primeiro caso de "*casting* assistido" por IA e leva a assinatura da Largo Films, braço cinematográfico da suíça Largo.ai.[5]

O resultado da indicação frustrou as expectativas de quem espera ver a primeira mulher negra como protagonista, conforme foi fartamente noticiado em 2019. Muito embora seja uma indicação, e não a escolha definitiva, a seleção mostra mais que o aumento exponencial da diversificação do uso da inteligência artificial na cultura. Mostra a força do racismo algorítmico. Como qualquer previsão apoiada em análise de dados, as conclusões dependem não apenas das quantidades, mas também da qualidade dos dados. E é a amostragem dos dados que treinaram os algoritmos que nos faz entender por que não foi uma mulher nem um ator negro o indicado para substituir Craig.

Para encontrar o novo James Bond, a Largo Films desenvolveu um sistema alimentado com mil atributos desse personagem, cobrindo de características físicas a elementos da narrativa. Contrapôs, ainda, cada um desses atributos à recepção do público, comparando esses dados com outros de filmes históricos. Identificada a "pegada de DNA" (*DNA footprint*) para o personagem, estudou-se como isso se combinava com o DNA algorítmico de cada ator. O desenvolvimento do programa que fez a seleção é fruto de um processo de aprendizagem maquínica que

---

5 "Henry Cavill Selected as the Next Bond by Largo.aix", Largo Films, 6 set. 2020, disponível em: largofilms.ch/henry-cavill-swaps-his-cape-for-a-martini-in-ai-victory-as-the-next-bond/.

computou análises dos metadados de mais de 400 mil filmes, 1,8 milhão de atores e 59 mil roteiros.

Os números são gigantescos ("robustos", para usar um jargão da área). Acontece, porém, que a indústria cinematográfica estadunidense, que produz e distribui os filmes de James Bond, tem ínfima participação de negros e outras minorias étnicas entre seus protagonistas. À época da histórica campanha #OscarSoWhite [#OscarTãoBranco], de 2016, as estatísticas mostravam que entre 1928 e 2015 apenas 1% de mulheres não brancas e 6,8% de homens não brancos foram contemplados com o prêmio. A proporção ganha mais consistência se levarmos em conta que apenas 14% dos indicados do ano de 2015 não eram brancos. Esse número praticamente dobrou em 2019, chegando a 27,6%, mas evidenciando que ainda estamos longe de ver o mundo do cinema refletir a diversidade social de raça e gênero.[6]

É, portanto, o caráter "tão branquinho" desse setor da economia da cultura que explica a total impossibilidade de o trabalho da IA da Largo Films bater com as expectativas de indicação de uma mulher negra para o papel de James Bond. Os dados utilizados são pobres nessas referências. Protagonistas negros são poucos (negras, menos ainda) e os que o foram certamente não coincidem com os metadados associados aos atributos de um James Bond.

A presença dos algoritmos no cotidiano é crescente. Vai da comunicação interpessoal à saúde (basta lembrar o monitoramento da quarentena na pandemia do coronavírus, via GPS do celular, para desfazer qualquer dúvida), passando pelas buscas,

---

6 Chelsea Bruce-Lockhart, Liz Faunce e John Burn-Murdoch, "The Oscars Diversity Problem in Charts". *Financial Times*, 6 fev. 2020, disponível em: ft.com/content/ca2e8368-48e6-11ea-aeb3-955839e06441.

indexação e construção de perfis de todos, por meio do uso dos mais banais aplicativos de compra e diversão. Eles podem, por isso, influenciar a admissão de uma pessoa em um emprego e o valor do seu seguro de vida; também podem ser usados para métricas de adequação a um sistema de governo para a liberação de crédito social, como ocorre na China. Ao automatizar procedimentos, os algoritmos modelam comportamentos e impactam processos políticos, conforme evidenciaram os escândalos da Cambridge Analytica e dos robôs de WhatsApp, relacionados à eleição de Donald Trump e à de Jair Bolsonaro em 2018.

Isso não é "natural" do algoritmo em si (um conjunto de regras matemáticas que informa uma ação), mas da sua modelagem. Alguns dos seus resultados nocivos são o direcionamento de resultados de buscas, como imagens hipersexualizadas para pesquisas com o termo "garotas negras", o tagueamento automático de negros e negras como Gorilas, pelo Google, e aplicativos de "embelezamento" de selfies por meio do branqueamento das imagens, conforme apontam estudos de Safiya Noble, autora do referencial *Algorithms of Oppression* (2018).[7]

Racismo algorítmico é o que traduz essa situação. Não porque o algoritmo possa ser em si mesmo preconceituoso. Mas porque o universo de dados que o construiu reflete a presença do racismo estrutural da indústria e da sociedade às quais pertence e que o expandem em novas direções. A violência social ganha aí contornos datificados nos pressupostos de sua arquitetura. Afinal, ao buscar um novo Bond a partir daquilo que sempre foi o velho Bond, não se poderia esperar um resultado muito distinto daquele que confirma o padrão James Bond desde sempre.

---

7 Safiya Umoja Noble, *Algorithms of Oppression: How Search Engines Reinforce Racism*. New York: NYU Press, 2018.

Um homem branco, de traços europeus, que no limite de sua idealização machista conta sempre com uma bela mulher para enfeitar suas ações intrépidas.

Não é por acaso, portanto, que ocorrem tantos erros de identificação de pessoas negras por sistemas de reconhecimento facial. Esse foi o mote, aliás, do documentário *Coded Bias* (2020). Dirigido por Shalini Kantayya, o filme estreou no Festival Sundance de Cinema e gira em torno da pesquisa e militância da artista Joy Buolamwini. Para um projeto de arte de uma disciplina no Instituto de Tecnologia de Massachusetts (MIT), onde ela trabalha, Buolamwini queria criar um espelho que colocasse outros rostos na sua face. Mas o software de reconhecimento facial não conseguia detectar o seu. Até que ela decidiu colocar uma máscara branca. Isso se tornou o estopim de uma investigação ativista que pôs a artista no lugar de centralidade nos movimentos de pressão por uma legislação nos Estados Unidos contra o preconceito nos algoritmos que afetam todos nós, e particularmente mulheres negras.

Um estudo sobre as leituras de imagens no Google Cloud Vision, realizado pelos pesquisadores brasileiros Tarcízio Silva e André Mintz,[8] com foco em retratos de mulheres negras, mostrou que as fotos apresentavam recorrentemente o rótulo "peruca", sempre que seus cabelos estavam em evidência. Não havia no banco de dados, portanto, especificação (rótulos, tecnicamente) para cabelos cacheados ou que não fossem lisos como os de brancos caucasianos. A limitação dessa inteligência arti-

---

[8] Tarcízio Silva e André Mintz, "APIs de visão computacional: Investigando mediações algorítmicas a partir de estudo de bancos de imagens". *Logos*, n. 1, v. 27, 5 jun. 2020, pp. 25-54.

ficial do Google é, sobretudo, cultural, não se restringe a essa empresa e se desdobra política e socialmente.

Entender os erros dos processos de rotulação das imagens que alimentam as redes neurais no aprendizado de máquina remete diretamente a novas formas de exploração do trabalho. Essa rotulação é feita por teletrabalhadores que prestam serviços em plataformas como Amazon Mechanical Turk (Mturk), um dos principais sites de ofertas desse tipo de ocupação. Constituindo um verdadeiro precariado global, os *turkers*,[9] como são denominados esses trabalhadores, refletem nas classificações todos os seus preconceitos e as condições abusivas de trabalho a que são submetidos.[10]

Em 2020, a Mturk contava com cerca de 500 mil trabalhadores nessas verdadeiras galés do mundo digital. Enquanto o salário mínimo por hora nos Estados Unidos é de cerca de 7,25 dólares, os *turkers* recebem em geral cerca de dois dólares por hora trabalhada e são induzidos a uma carga horária abusiva na tentativa de compor a renda mensal. No caso dos *turkers* brasileiros, a situação se agrava, pois a Amazon não faz depósitos em contas estrangeiras

---

[9] A associação entre *turkers* e turcos não se refere à nacionalidade, mas à presença humana por trás das máquinas. Mechanical Turk deriva de "Turk", apelido de um jogador de xadrez autômato, projetado no século XVIII, que imitava um mágico turco. Sabe-se hoje que não se tratava de uma entidade mecânica e que a máquina escondia um jogador humano na caixa. Winter Mason e Siddharth Suri, "Conducting Behavioral Research on Amazon's Mechanical Turk". *Behavior Research Methods* n. 1, v. 44, 1 mar. 2012, p. 1, nota 2.

[10] Para uma série de artigos, entrevistas e informações sobre o assunto, ver Rafael Grohmann (org.), *Os laboratórios do trabalho digital*: *Entrevistas*. São Paulo: Boitempo, 2021.

e os trabalhadores são remunerados com *gift cards* que só valem para compras na própria Amazon estadunidense.[11]

Mal pagos e pouco especializados na interpretação de imagens, esses trabalhadores revelam nos rótulos o que "os campos da ciência da informação e dos estudos científicos e tecnológicos têm demonstrado há muito tempo, que todas as taxonomias ou sistemas classificatórios são políticos".[12] Analisando a fundo o primeiro grande conjunto de imagens destinadas ao treinamento maquínico, o ImageNet, Crawford e Paglen nos mostram a genealogia dos seus pressupostos moralizantes. A categoria "Corpo humano", por exemplo, está inserida no ramo Objeto natural> Corpo> Corpo humano. Nesse conjunto, as subcategorias são: corpo masculino; pessoa; corpo juvenil; corpo adulto; corpo feminino. Como "na categoria 'corpo adulto' estão alocadas as subclasses 'corpo feminino adulto' e 'corpo masculino adulto', encontramos uma suposição implícita aqui: apenas os corpos 'masculino' e 'feminino' são 'naturais'".[13]

Esse universo de relações sociais que está na base das IAS esclarece que a suposta misoginia e o racismo dos algoritmos têm dimensões humanas e políticas incontestes. O tema é de extrema importância e urgência. Conforme se expandem os sistemas de visão computacional, seus algoritmos podem impor novas modalidades de exclusão, determinando o que é ou não visível para nós, nas bolhas dos aplicativos e socialmente.

---

[11] Bruno Moreschi, Gabriel Pereira e Bernardo Fontes, *Exchanges with Turker*, 2020, disponível em: brunomoreschi.com/With-Turker. Um dos retratos mais lancinantes do precariado do mundo digital aparece no filme *Nomandland* (Chloé Zhao, 2021), que não por acaso tem uma das suas primeiras cenas filmadas no setor de empacotamento da Amazon.

[12] K. Crawford e T. Paglen. "Excavating AI", op. cit.

[13] Ibid.

O precoce *Logo.Hallucination*[14] (2006), do artista Christophe Bruno, indica outros desdobramentos que podem advir do monopólio corporativo das tecnologias de visão computacional. Para sua realização, Bruno escolheu dezoito logomarcas de grandes empresas, como McDonald's, AT&T, Apple e Mercedes-Benz, entre outras, e colocou em operação um software de reconhecimento de padrões para buscar na internet imagens que pudessem ser consideradas as matrizes das marcas dessas grandes corporações. Assim, a logomarca dos jogos Atari já estaria contida em um quadro de Vermeer, uma máscara africana seria o original da do McDonald's, um biquíni fio-dental seria a matriz da marca da Mercedes-Benz, entre outros casos bizarros disponíveis e documentados no site do projeto.

Bruno mostrava como os novos recursos de reconhecimento de padrões nas imagens se tornavam não somente campo fértil para o gerenciamento de direitos autorais, como poderiam chegar a um grau de alucinação tal que culminariam na privatização do olhar. Visto mais de uma década depois, *Logo.Hallucination* escrutinava os métodos de uma nova forma de censura. Uma censura que não proíbe. Antes, define, algoritmicamente, o direito do que e como se pode ver. Das suas regras de operação emergem parâmetros de interdição que consolidam a nova colonialidade embarcada nos *datasets*, o datacolonialismo, no plano do imaginário.

INTELIGÊNCIAS ARTIFICIAIS SÃO REAIS

---

[14] Christophe Bruno, *Logo.Hallucination*, 2006, disponível em: christophebruno.com/portfolio/logo-hallucination-2006/.

A inteligência artificial não é uma dimensão abstrata ou enrustida do cotidiano. Pelo contrário, pode-se dizer que a inteligência artificial saiu do armário faz um bom tempo. Abandonou o mundo da ficção científica e deixou de ser exclusividade dos acadêmicos das ciências exatas. Invadiu as *startups*, migrou para os celulares, tomou de assalto a indústria da pornografia e prolifera rapidamente em aplicativos e programas de edição de imagem, como o Photoshop.

Por processos de aprendizado de máquina e sistemas de visão computacional, a tecnologia se dissemina nos efeitos especiais, como as técnicas de rejuvenescimento aplicadas em Al Pacino e Robert De Niro no filme *O irlandês* (2019), de Martin Scorsese, além de ter ressuscitado Nicolas Cage, mais uma vez, nos memes em vídeos no YouTube e mostrado seu fôlego para causar estragos políticos em um vídeo que viralizou na internet, em abril de 2018, no qual Barack Obama atacava os Panteras Negras e xingava Trump.[15] Em pouco tempo, chegou ao mundo dos mortais, com o lançamento do aplicativo chinês Zao, em setembro de 2019, permitindo que qualquer pessoa se transformasse em astro hollywoodiano em segundos. Em dois dias, tornou-se o recordista de downloads da loja chinesa da Apple, com milhões de usuários.

Tão instantânea quanto o sucesso do Zao foi a onda de protestos sobre violação de privacidade que ele gerou, haja vista que, à época de seu lançamento, o aplicativo afirmava se reservar o direito de usar as imagens e as informações biométricas

---

[15] David Mack, "This PSA about Fake News from Barack Obama Is Not What It Appears". *BuzzFeed*, 17 set. 2018, disponível em: buzzfeednews.com/article/davidmack/obama-fake-news-jordan-peele-psa-video-buzzfeed.

ali compartilhadas. As reclamações levaram-no a alterar essa norma, e é bom lembrar que a nova legislação da internet na China, anunciada em novembro de 2019, proíbe o uso de recursos de IA sem que sejam explicitamente declarados, tendo como uma das motivações a proliferação de fake news (notícias falsas) e *deepfakes* (imagens produzidas com recursos de IA que sintetizam sons e vídeos).

Antes que se comece com os argumentos de que não há nada de novo nisso, que o stalinismo fez vasto uso de fotos adulteradas, que o nazismo e o fascismo fraudaram inúmeras outras e que depois do Photoshop ninguém mais se surpreende com manipulações de imagens, é bom frisar: o *deepfake* não é colagem, tampouco edição e dublagem. É imagem produzida algoritmicamente, sem mediação humana no seu processamento, que utiliza milhares de imagens estocadas em bancos de dados para aprender os movimentos do rosto de uma pessoa, inclusive os labiais e suas modulações de voz, para prever como ela poderia falar algo que não disse.

Muito embora existam alguns indicadores para reconhecer uma imagem *deepfake* (fundos desfocados, brincos desemparelhados, movimentos estranhos de microfones, por exemplo), os avanços são rápidos e a tendência é de que fiquem cada vez mais sofisticados. Além do mais, depois que um vídeo ou uma foto viralizam na internet, qualquer ação posterior tem, via de regra, efeitos paliativos que dificilmente são capazes de concorrer com o estrago já feito.

Apesar de serem imagens fictícias, os *deepfakes* são feitos a partir de imagens reais. A facilidade de criá-los aumenta conforme se sofisticam suas metodologias e capacidade de produção. As imagens do site *This Person Does Not Exist* [Esta pessoa não existe] (2019),[16] de Philip Wang, engenheiro sênior de software da Microsoft, por exemplo, utilizam uma geração mais nova de redes neurais, as StyleGAN2. Essas redes permitem que uma imagem incorpore de outra especificidades estéticas, como iluminação, curvas, contrastes etc., adotando suas características. Tecnicamente, essa extração de informações, resultante de programação algorítmica, é o que se define por "transferência de estilos".

A partir de uma imagem facial de entrada, o gerador aprende a distribuição dos elementos de um rosto e aplica suas características em uma nova imagem. Diferentemente dos sistemas anteriores, que não eram capazes de controlar quais aspectos específicos de um rosto gerariam, esse permite determinar atributos físicos e faciais particulares sem alterar nenhum outro. Isso resulta em maior fidelidade de traços identitários e pessoais, como os estilos de cabelo, formato e cor dos olhos e tipos de rosto.

As fotos desse site intrigam, inicialmente, por sua capacidade de fazer com que se acredite que os retratados são pessoas reais. Intrigam, também, por serem geração de imagens realistas que prescinde do olhar, já que são sintetizadas por algoritmos treinados por sistemas de aprendizado de máquina. Escrevem, assim, um novo capítulo da história da pós-fotografia, que já havia descartado a necessidade da câmera, tema abordado por vários pensadores, como Joanna Zylinska, e fotógrafos, como Joan Fontcuberta, cuja série *Googlegrams* (2005) é referencial para a compreensão desse imaginário emergente.[17]

---

16 *This Person Does Not Exist*, disponível em: thispersondoesnotexist.com.

17 Joanna Zylinska, *Nonhuman Photography*. Cambridge: MIT Press, 2017; Joan Fontcuberta, *Datascapes: Orogenesis/Googlegrams*. Sevilla:

Mas há algo de mais perturbador nessas fotos. Para além das discussões sobre veracidade, apropriação e embates entre o humano e o maquínico (eterna questão da imagem técnica, como já aprendemos com teóricos como Philippe Dubois),[18] há que se considerar aqui uma nova política das imagens. Não se pode ignorar o fato de que todos esses novos sistemas são produzidos por megaempresas de tecnologia que monopolizam inúmeros setores da vida social contemporânea. O modelo das GANs é obra de um dos pesquisadores do Google, Ian Goodfellow. O da StyleGAN foi desenvolvido nos laboratórios da Nvidia, rainha das unidades de processamento gráfico (*graphics processing units*, GPUs), fundamentais para a execução de games e vídeos, e líder no mercado de inteligência artificial.

Imagens digitais não são versões de imagens químicas feitas com novos materiais. São imagens computacionais e vale insistir: carregam informações que vão das coordenadas geográficas de onde foram capturadas até a identidade de quem as fez, seu equipamento e como e quando foram compartilhadas. A reboque, a imagem se converte no pressuposto de qualquer sistema inteligente de vigilância. É verdade que essa é uma trajetória que remete à invenção da fotografia, mas, como ressaltou o pesquisador Jake Goldenfein, nenhuma empresa fotográfica foi uma das maiores corporações do mundo.[19] E não estamos falando do seu porte e valor. As corporações a que nos referimos aqui são não apenas detentoras dos principais serviços on-line

Photovision, 2007.
18 Philippe Dubois, *Cinema, vídeo, Godard*, trad. Mateus Araújo Silva. São Paulo: Cosac Naify, 2004, pp. 31-41.
19 Jake Goldenfein, "Facial Recognition Is Only the Beginning". *Public Books*, 27 jan. 2020, disponível em: publicbooks.org/facial-recognition-is-only-the-beginning/.

que usamos, mas os principais players do mercado de visão computacional e de serviços de armazenamento de dados.

E essa dinâmica remete, essencialmente, ao peso dos padrões no vocabulário visual da atualidade. Todo sistema de redes neurais depende da construção de padrões. Não é por acaso que os retratos de *This Person Does Not Exist* têm todos o mesmo olhar e um sorrisinho de cara de paisagem (ou será que "cara de IA" é a nova cara de paisagem?). Os *deepfakes* não choram? Não sentem dor?

Outro ponto a ser considerado na compreensão do "sorriso das IAS" é que, ao originar-se de *datasets* compostos de imagens das redes, ele espelha os modos pelos quais as pessoas se apresentam on-line, via de regra como heróis da própria vida, na qual só cabem sucessos. Mas os *deepfakes* iluminam outros meandros da normatização do olhar que emerge com a visão computacional, que não se explicam por reconhecidas variáveis sociológicas e históricas, e do repertório assentado na crítica de arte. Esses meandros remetem à cadeia produtiva que envolve das câmeras, cada vez menos dependentes de lentes e de sensores e mais de inteligência artificial, aos programas de processamento de imagens e aos canais por onde escoam. Em conjunto eles respondem e modelam a formatação padronizada de perspectivas, de cores e de pontos de vista que se multiplicam nas redes.

Concordo que é realmente sensacional quando você faz "aquela" foto que sai toda torta e, ao abri-la no editor do seu celular, ela se autocorrige e alinha tudo. Isso é indicador da presença da visão computacional no nosso cotidiano e dos modos como naturalizamos suas regras na expressão cultural. Haverá, certamente, quem diga que inúmeras vezes o padrão não corresponde ao que se desejava registrar e é possível revertê-lo. Sinto dizer, porém, que a tendência é de que as câmeras, cada vez mais "inteligentes", aprendam a capturar as fotos já corrigidas, dificultando a não obediência aos seus desígnios pré-fabricados. Estamos vivendo a paradoxal situação de potencialmente criar a mais rica e plural cultura visual da história, pela democratização dos meios, e mergulhar no limbo da uniformização do olhar.

Não se trata de uma atualização digital do autônomo de Descartes. Trata-se de uma "máquina cerebral", que opera por meio de plataformas, cuja "força está no fato de que elas dão forma a um mundo baseado apenas em dados que podem ser acumulados, analisados e modelados", diz Yuk Hui.[20] Se a imagem eletrônica deslocava o problema da relação corpo/mente para o campo da relação olho/máquina, podemos dizer que a inteligência artificial nos coloca diante de uma operação máquina/olho, na qual, com "o aumento da quantidade de dados e com modelos matemáticos mais eficientes em desenvolvimento, as máquinas podem alcançar níveis mais altos de precisão em termos de previsibilidade".[21]

Essa previsibilidade impacta profundamente nossos modos de ver, perceber e figurar a realidade. Basta aqui recordar o fenômeno da selfie para corroborar essa afirmação. Afinal, ele mudou para sempre a angulação do autorretrato, que deixou de ser frontal, em correspondência à câmera no tripé, e se adaptou à angulação viável de captura com o celular na mão (de sete a dezessete graus), conforme mostrou um estudo de Lev Manovich.[22] Seguindo a trilha dos círculos viciosos e viciantes

---

[20] Y. Hui, *Tecnodiversidade*, op. cit., p. 130.
[21] H. Foster, *O que vem depois da farsa?*, op. cit., p. 130.
[22] Lev Manovich, "The Selfiexploratory", *Selfiecity*, 2014, disponível em: selfiecity.net/selfiexploratory/.

das fotos e vídeos que circulam nas redes sociais e das normas codificadas nos dispositivos de imagens, é plausível pensar que, superados os bugs que ainda persistem nos *deepfake*s, aprenderemos a conviver com eles. Ou melhor: seremos treinados pelas máquinas a vê-los como *"deeptrues"*, incapazes de enxergar o que excede seus processos de padronização. É neste ponto que os procedimentos de inteligência artificial podem estar gestando o que venho chamando de uma eugenia algorítmica do olhar. Mas e o que fica fora do padrão? Que lugar social poderá ocupar?

MEMÓRIA BOTOX

5

politicasdaimagem.ubueditora.com.br|capitulo-5

A popularização da inteligência artificial abre novas frentes criativas no campo das imagens. Mas ela traz, além da possibilidade de uma eugenia maquínica do olhar, conforme discutido no capítulo anterior, a da consolidação de novos negacionismos, capazes de emplacar as mais estapafúrdias teses. Esse, aliás, foi o mote da videoinstalação *In Event of Moon Disaster* [No caso de um desastre lunar] (2019).[1] Nela, o presidente Richard Nixon reporta, diretamente do Salão Oval da Casa Branca, o desastre ocorrido com a *Apolo 11*. Seu discurso foi escrito por William Safire e seria lido no caso de um acidente com a missão lunar de 1969, que, como se sabe, não aconteceu.

    Para tanto, discursos filmados de Richard Nixon foram utilizados para transferir suas expressões faciais e movimentos labiais ao seu clone e, assim, sintetizar um audiovisual, com sua voz, dicção e semblante, proferindo palavras que ele nunca disse sobre um fato que nunca ocorreu. Para além de sua impactante plasticidade, a obra funciona como um alerta sobre os potenciais estragos dos *deepfakes* no plano do revisionismo histórico.

    Há cerca de vinte anos, nos primórdios da febre retrô que tomou o design e o mundo do entretenimento, o crítico de arte T. J. Clark escreveu que, se antigamente as mercadorias ven-

---

[1] Francesca Panetta e Halsey Burgund, *In Event of Moon Disaster*, 2019, disponível em: vimeo.com/439750398.

diam promessas de futuro, hoje elas existem "para inventar uma história, um tempo perdido de intimidade e estabilidade, de que todo mundo afirma se lembrar, mas que ninguém teve". Clark identificava essa necessidade de inventar um passado com uma crise do tempo, marcada pela "tentativa de expulsar da consciência a banalidade do presente".[2] Antes dele, Umberto Eco, em um clássico dos anos 1980, *Viagem na irrealidade cotidiana*, mostrava que esse tipo de movimentação pavimenta também "uma filosofia da imortalidade enquanto duplicação". Como se não pudéssemos conviver com o passado e só fosse possível fazer sua cópia, não sua preservação pela memória. Isso fomenta uma abordagem temática das instituições e espaços de convívio que consolida a cenarização permanente do passado, seja como arquitetura,[3] seja como imagem.

No contexto da cultura das redes, é paradoxal essa abordagem cenarizada do passado que tende a transformar o momento em monumento ao presente que não foi. Por um lado, vivemos um estado de overdose documental, registrando compulsivamente nosso cotidiano. Por outro, submergimos na impossibilidade de acessar a memória, atrelados à lógica das timelines que se ordenam nas redes sociais, sempre a partir do mais atual. Tenho dito com certa recorrência que o celular com câmera se transformou numa espécie de terceiro olho na palma da mão, que escaneia a vida continuamente. Por esse motivo, as formas de produção de

---

2 Timothy J. Clark, *Modernismos*, org. Sônia Salzstein, trad. Vera Pereira. São Paulo: Cosac Naify, 2007, pp. 322-23.
3 Umberto Eco, *Viagem na irrealidade cotidiana*, trad. Aurora Fornoni Bernardini e Homero Freitas de Andrade. Rio de Janeiro: Nova Fronteira, 1984, pp. 12-19.

imagem na atualidade dizem muito não só sobre a privacidade, como também sobre o estatuto da memória no tempo digital.

Ocorre uma verdadeira compulsão pelo arquivamento hoje. E esse arquivamento é mobilizado pela possibilidade de publicação das informações nos canais mais diversos das redes. Registra-se tudo no afã de marcar um momento. Ainda que seja para se apagar em 24 horas, em um microfilme no Stories do Instagram, alguma coisa tem que ser gravada, capturada e divulgada. E é isso que faz da cultura pop, cada vez mais "intoxicada" pelo passado, algo tão intrigante.

Difícil discordar do crítico de música britânico Simon Reynolds, quando afirma que, "em vez de se ocupar de si, os anos 2000 se ocupam de todas as décadas anteriores, acontecendo de novo, de uma só vez".[4] Inaugura-se um novo tempo em que é tudo "re" (*remakes*, regravações, reedições, *revivals*) e tudo está integralmente à venda. Sempre acompanhado de "novos" projetos de cozinhas de fórmica, com direito a penteados *rockabilly* e moda acessível para hippies e punks de todas as raças, gêneros, credos e nacionalidades. Mais um sopro de conservadorismo travestido de tendência?

Afinal, em que século estamos? No XXI, uma esquina do passado em que lambretas e cadeiras com pés palito fazem sucesso em busca da saudade do não vivido. Para tanto, oferecem-se até calças jeans que já vêm rasgadas "de fábrica". Quem comprar hoje poderá dar a impressão de que a usa desde os anos 1960, apesar de ter nascido nos anos 2000. Carros antigos, ins-

---

[4] Simon Reynolds, *Retromania: Pop Culture's Addiction to Its Own Past*. New York: Faber & Faber, 2012, Pos. 70-9641. Esta referência e as seguintes sobre essa obra citam uma edição eletrônica para Kindle, que não traz numeração de páginas, mas a posição do texto selecionado no conjunto.

pirados nos modelos célebres da década de 1930, como Fuscas que viraram New Beetles, Mini Coopers, Fiats 500 e Chryslers PT Cruiser, e até frigobares coloridos consolidam o design retrô que se impõe e ganha fiéis seguidores.

O "design de experiência" legitima e atende a essa demanda pela memória como bem de consumo, aspecto que não deixa de ter motivações de ordem econômica. Em um estágio do capitalismo dominado cada vez mais por serviços semelhantes, os produtores de serviços buscam romper com os ambientes padronizados, apostando na tematização dos espaços, a fim de diferenciar um serviço dos outros.

Pode-se ir, por exemplo, para Paris e, além de conhecer o Louvre, transportar-se, como em um passe de mágica, ao reino encantado de Walt Disney, sem sair do Velho Continente. Além disso, caso o viajante se hospede em um hotel, como o Cheyenne, estará, em segundos, no "lendário Velho Oeste" estadunidense, apesar de estar na Europa no século XXI. Se isso não lhe apetecer, poderá escolher o Santa Fe, que promete "a atmosfera colorida da Rota 66", conforme alardeia o seu anúncio.[5]

Seria um grande engano pensar que esse tipo de abordagem se restringe à esfera da indústria do turismo e do comércio. Ela contamina outros circuitos, como o dos museus. Exposições pensadas para bater recordes de público, nem que tenham de apelar para conteúdo do *showbiz*, estratégias típicas de parques de diversão e grandes investimentos em "efeitos especiais", respondem a essa lógica, que se projeta também nos lugares de memória. Refletindo sobre os impasses dos museus na contemporaneidade, o historiador da arte Hans Belting chama atenção

---

5   Alan Bryman, *A disneyzação da sociedade*. Aparecida: Ideias e Letras, 2007.

para essa questão e afirma: "Antes, ia-se ao museu para ver algo que nossos avós já encontravam no mesmo lugar; hoje se vai ao museu para ver algo que nele nunca pôde ser visto".[6]

É isso que o antropólogo indiano Arjun Appadurai chama de "nostalgia imaginada". Fruto de um conjunto de técnicas de merchandising, essa nostalgia publicitária cria experiências de perdas que nunca aconteceram.[7] É possível localizar esse movimento nos anos 1990, quando as fronteiras do debate sobre a memória coletiva transcenderam os limites acadêmicos e ganharam contornos de acontecimentos transnacionais e eventos midiáticos.

Algumas evidências desse processo foram as comemorações do quinquagésimo aniversário do início da Segunda Guerra Mundial, as celebrações de um ano da queda do Muro de Berlim, os dez anos do fim das ditaduras latino-americanas. Todos esses eventos foram acompanhados de suplementos de jornais, especiais de TV, encomendas de novas obras arquitetônicas e obras de arte públicas, além de farta produção de livros e filmes, tanto supérfluos quanto relevantes.[8]

Diante desse cenário, pode-se afirmar que a característica mais perturbadora da cultura da memória do fim do século XX em diante é que ela salienta os aspectos mais multifacetados e os mais banais dessas celebrações. Em toda parte, há discursos críticos e produtos superficiais criados pela complexa rede da indús-

---

6   Hans Belting, *O fim da história da arte*, trad. Rodnei Nascimento. São Paulo: Cosac Naify, 2006, p. 140.
7   Arjun Appadurai, *Modernity At Large: Cultural Dimensions of Globalization*. Minneapolis: University of Minnesota Press, 1996, pp. 76-77.
8   Andreas Huyssen, *Seduzidos pela memória*, trad. Sergio Alcides. Rio de Janeiro: Aeroplano, 2009, p. 15; id., *Culturas do passado-presente*, trad. Vera Ribeiro. Rio de Janeiro: Contraponto, 2014, p. 139.

tria cultural. E foi isso que fez com que a memória, do ponto de vista temático e estético, se convertesse, dos anos 1990 para cá, em um desafio intelectual e em uma commodity de consumo.[9]

Mas hoje esse *boom* relacionado à memória e a nostalgias inventadas se dá em outro contexto, profundamente marcado pelo desaparecimento do sujeito social, tragado pela uberização da vida e na encruzilhada do Antropoceno, que corrói as perspectivas de futuro. A sensação é de asfixia geral sob as normas do automatismo tecnofinanceiro, como o denominou o filósofo italiano Franco Berardi,[10] e essa é uma das explicações para o surto de passados inventados que vivemos.

Há uma febre de aplicativos para tridimensionalizar, colorizar, animar fotos antigas e dar "vida" ao passado. DeOldify, Loopsie e Deep Nostalgia[11] são alguns deles. Todos funcionam bem. Rápidos e fáceis de usar, revelam um meticuloso trabalho com inteligência artificial. Acontece, porém, que a história tratada como gadget é um problema. Os resultados a que se pode chegar com cada um desses aplicativos são sempre muito parecidos. Em consequência, vemo-nos diante de um conjunto de passados fictícios e muito semelhantes: felizes e "liberados" dos

---

9 Sobre a relação entre memória é indústria cultural, ver Jaume Peris Blanes, "'Hubo un tiempo no tan lejano...' Relatos y estéticas de la memoria e ideologia de la reconciliación en España". *452°F. Revista de Teoría de la Literatura y Literatura Comparada*, n. 4, v. 3, pp. 35-55, 2011.
10 Para uma reflexão sobre a perda da noção de futuro nos primeiros anos dos 2000, ver Franco Berardi, *Depois do futuro*, trad. Regina Silva. São Paulo: Ubu Editora, 2019. Sobre a sensação de asfixia e imobilismo, ver, do mesmo autor, *Asfixia: Capitalismo financeiro e a insurreição da linguagem*, trad. Humberto do Amaral. São Paulo: Ubu Editora, 2020.
11 "Loopsie", disponível em: loopsie.it; "Home - DeOldify", disponível em: deoldify.ai; "MyHeritage Deep Nostalgia", disponível em: myheritage.com.br/deep-nostalgia.

supostos defeitos do tempo. Melhorias de qualidade apagam dobras, manchas de idade, enquanto colorizações retrospectivas atribuem a tudo e a todos um mundo que oscila entre cores pastel e tons outonais.

O processamento das imagens, em todos, é feito por técnicas de *deep learning* por meio de redes neurais, transferindo estilos e comportamentos para as imagens. Para tanto, dezenas de milhares de imagens são usadas para treinar os algoritmos que dão cor, movimento e profundidade às fotos e vídeos que inserimos em seus servidores. Um caso emblemático foi o lançamento, em fevereiro de 2021, do Deep Nostalgia. Em menos de uma semana, teve mais de 60 milhões de downloads. Nele, fotos antigas, de antepassados a personalidades históricas, ganham expressões que vão de piscadas a giros de cabeça, passando por sorrisos e olhos arregalados.

A pauta de movimentos é predefinida e feita a partir de vídeos contentes que foram gravados com funcionários da MyHeritage, a empresa que disponibiliza o Deep Nostalgia, desenvolvido pela israelense D-Id, especializada em tecnologia de *facial reenactment* (reencenação facial, um conceito criado pela própria empresa). Importante sublinhar, mais uma vez, que todo o processo está a anos-luz de distância de recursos de pós-produção e edição. Estamos falando de procedimentos de aprendizado de máquina em que os algoritmos são programados para reconhecer padrões (como a geometria das linhas do rosto, os movimentos labiais e a voz), para transferi-los de uma imagem a outra.

No caso do Deep Nostalgia, a técnica retoma os princípios dos *deepfakes*, porém de forma mais sofisticada. Seu algoritmo é construído com diversas redes neurais profundas, treinadas com *datasets* de muitos milhares de vídeos. Ao "encontrar" uma imagem inserida no aplicativo, o algoritmo busca um vídeo pré-gravado da base de dados e calcula seus movimentos para interpolar os pixels na foto estática. Um mapa de oclusão (os dados sobre a iluminação da imagem) sintetiza as partes faltantes na foto, revelando dentes, lateral da cabeça, entre outros aspectos, que não estão presentes na foto original adicionada ao sistema. É essa odisseia computacional que produz, em segundos, a aparência natural das suas animações.

Glitches e bugs à parte (os vídeos às vezes trazem alguns elementos desajeitados, como borrões em rostos com barba e perda de foco), são comuns as reações de encantamento dos milhões de usuários. Há também os que se sentem extremamente perturbados por essas imagens assombradas pela inteligência artificial. Os motivos de horror em geral vêm da sensação de ver os mortos tomando vida subitamente.

Acrescento a esse leque de sensações mais uma: o da perturbação diante da pasteurização da história. Muito embora não exista a intenção de convencer ninguém de que as fotos animadas sejam vídeos capazes de ressuscitar gestos dos falecidos, não são poucos os usuários que creem que esse *deepfake* mimetiza de fato um ente querido ou personalidade importante. A ilusão é ainda mais problemática porque, quanto mais se alimenta o sistema, mais ele aprende com seus erros e se sofistica, tendendo a eliminar as falhas de processamento apresentadas. Com isso, reconfiguram-se as posições na curva emocional de nossa relação com esse tipo de imagem e nos tornamos mais próximos de seres artificiais.

Essa curva emocional é central a uma teoria estética da robótica, a do "vale da estranheza" (*uncanny valley*), de autoria do roboticista japonês Masahiro Mori, criador do Asimo, entre outros robôs famosos. De acordo com essa teoria, entes tecnológicos quase semelhantes a humanos tendem a gerar repulsa, mas, quanto mais semelhantes eles são, mais tendem a gerar empatia. A teoria de Mori é dos anos 1970 e tem recebido várias atualizações para comprovar sua hipótese.[12] Partindo desse ponto de vista, a relação com entes artificiais que ressurgem de um passado nunca ocorrido se torna mais complexa.

De um lado, forja-se o presente com um tempo assombrado pelo falso e pelo vintage, tecnicamente elaborado. Nele, o passado cumpre apenas a função de fornecer uma capa divertida ao agora. De outro, temos um futuro, mobilizado por algoritmos, que funciona como parênteses, uma bolha suspensa impossível de ser conectada ao vivido. Nessa curiosa temporalidade, tudo é passível de ser recuperado e recompor-se ao sabor de uma IA. Tudo também é passível de se transformar em mostra de efeitos especiais. Entre os produtos descartáveis que são criados nesse contexto, fica a pergunta: do que recordaremos no futuro, se o nosso presente é pura "re"produção encenada do passado e o passado, um elemento maquiado das nossas visões de futuro?

O FUTURO DAS RUGAS

E haveria algo mais sintomático dessa relação bipolar com o passado do que os incontáveis aplicativos para projetar o passado no futuro, como o FaceApp?[13] Ou aqueles para remover qualquer

---

[12] Tyler J. Burleigh, Jordan R. Schoenherr e Guy L. Lacroix, "Does the Uncanny Valley Exist? An Empirical Test of the Relationship between Eeriness and the Human Likeness of Digitally Created Faces". *Computers in Human Behavior*, n. 3, v. 29, maio 2013, pp. 759-71; Masahiro Mori, Karl F. MacDorman e Norri Kageki, "The Uncanny Valley [From the Field]". *IEEE Robotics Automation Magazine*, n. 2, v. 19, jun. 2012, pp. 98-100.

[13] FaceApp, disponível em: faceapp.com/app.

vestígio da passagem do tempo, como o Lensa?[14] O primeiro causou furor com as histriônicas imagens de pessoas envelhecidas em cerca de três décadas. O segundo, um dos mais populares e longevos dessa safra, opera na contramão. Condizente com o perfil de nossa época, inimiga das rugas e do envelhecimento natural, basta instalá-lo, adicionar uma selfie e pronto: ele "limpa" sua imagem de tudo que se tornou o "pesadelo" da atualidade: as imperfeições e a idade.

Estamos testemunhando a reconceituação do que se entendia por natureza, e a manifestação de novos padrões de beleza é sintomática desse processo. Elas nascem em uma realidade midiática que corporifica Lara Croft, protagonista do jogo de computador homônimo, e transforma Angelina Jolie em sua cópia real para atuar em um filme da série *Tomb Raider* (2001). Mas isso ainda remete a uma espécie de Jurassic Park da imagem digital, que exigia a presença de superdesigners hábeis na manipulação de arquivos. Hoje elas avançam em direção a um novo repertório imagético, que antepõe o *machine learning* ao ato de olhar e editar.

Já foi bastante noticiada a potencial instrumentalização desse tipo de aplicativo para coletar dados e arquivar padrões que podem ser utilizados para fins de vigilância ou para outras formas de manipulação. Meu ponto aqui é outro. Pergunto como esses aplicativos respondem a um momento que, malgrado a obsolescência programada da tecnologia e a falência institucional da infraestrutura da cultura, teima em apelar para um desejo de eterna juventude.

---

14 Prisma Labs, disponível em: prisma-ai.com/.

Abolimos o "passado como passado", disse o filósofo Peter Pál Pelbart,[15] ou pelo menos o passado na forma como o conhecíamos: uma herança que se recebe e se constrói. Por um lado, "o amanhã é hoje", tal qual aprendemos com o slogan do Museu do Amanhã. Por outro, dadas as catástrofes ecológicas cada vez mais recorrentes, as mudanças climáticas provocadas pela ação humana e o aumento exponencial de lixo tecnológico produzido diariamente, talvez não tenhamos, de fato, algo a conservar. E, nesse sentido, "o que estaria impulsionando a conservação para o futuro não é mais a angústia da perda dos vestígios, mas sim o medo de não ter nada para transmitir".[16]

Afinadas com esse imaginário, imagens 3D de projetos que prometem a recuperação de áreas históricas como se oferecessem verdadeiras injeções de botox na paisagem urbana são cada vez mais comuns. Elas incorporam as técnicas antienvelhecimento dos corpos humanos nos processos de recuperação patrimonial, "dando aos turistas a impressão de que se encontram na eternidade de um cartão-postal".[17]

E não foi exatamente isso que apareceu embutido no desfile de projetos arquitetônicos que apareceram em oferta à reconstrução da catedral de Notre-Dame, em Paris, depois do incêndio de 2019? Olhando os modelos que se apresentam como o presente que ainda não vivemos, a consumação do pressuposto de que fazemos imagens para antecipar o passado em um futuro que

---

15 Peter Pál Pelbart, "Tempos agonísticos", in Fernando Pessoa e Katia Canton (org.), *Sentidos e arte contemporânea*. Vila Velha: Suzy Muniz Produções, 2007, p. 70.
16 Henri-Pierre Jeudy, *Espelho das cidades* [2001], trad. Rejane Janowitzer. Rio de Janeiro: Casa da Palavra, 2005, p. 46.
17 Henri-Pierre Jeudy e Paola Berenstein, *Corpos e cenários urbanos: Territórios urbanos e políticas culturais*. Salvador: Edufba, 2006, p. 9.

talvez não tenhamos é inevitável. Impossível discordar do pensador alemão Andreas Huyssen,[18] quando diz que já não somos mais capazes de criar ruínas, apenas escombros. Na brutalidade de nossa história, suprimiu-se a possibilidade de imaginar um futuro, abortado no esquecimento programado que enterra a memória daquilo que um dia se apresentou como ruína.

As coisas hoje são produzidas em uma lógica de reprogramação constante, como dados manipulados, a fim de serem infinitamente consumidas e reconsumidas. Prevalece nesse sistema uma estética incapaz de conviver com o envelhecimento, a corrosão dos materiais, as asperezas do que é natural.[19] Ela se revela com formas semelhantes nos espaços urbanos e nos ambientes on-line. Não por acaso, a iconografia recorrente na internet remete a um universo de tons pastel, letras redondas e nomes onomatopeicos. Esse design faz jus ao marketing de um mundo sem pontas e sem dor que existiria em um paraíso artificial que responde bem à lógica dos jardins murados das redes sociais e à necessidade de update permanente a que a obsolescência programada nos subjuga.

Tempos paradoxais estes nossos. A obsolescência ocupa o centro das discussões contemporâneas e, simultaneamente, passamos a arquivar novidades. Nos principais festivais e simpósios internacionais de arte digital, como Transmediale, Media Art Histories e ISEA, destacam-se obras devotadas às "mídias defuntas", à problematização do consumo e à reciclagem.[20]

---

18 A. Huyssen, *Culturas do passado-presente*, op. cit., p. 93.
19 H. Foster, "Design and Crime", in *Design and Crime (And Other Diatribes)* [2002]. London: Verso, 2010, p. 21.
20 Os temas desses eventos, todos eles referenciais do calendário artístico e científico da área, são emblemáticos da centralidade dessa discussão. São eles: Media Art Histories 2013 – Renew; Transmediale

Não menos sensíveis a esse estado de decrepitude é uma leva de obras que põem em cena os fósseis midiáticos de nossa época, como a série *Permanent Error* (2009), do fotógrafo sul-africano Pieter Hugo, *The Vanishing Object of Technology II* (2012), de Joanna Zylinska, e *Das coisas quebradas* (2012), de Lucas Bambozzi. Nas imagens desses artistas, recupera-se uma dinâmica que transcende o lugar do *memento mori* da tecnologia. "São também injunções éticas, apontando e alcançando a vida, em suas formas reais e virtuais."[21]

Em *Permanent Error*,[22] Hugo trabalhou em depósitos de lixo eletrônico na periferia de Acra (Gana), retratando os trabalhadores no meio da fumaça produzida pela queima de equipamentos disfuncionais em paisagens da devastação ambiental embutida na aparente assepsia dos gadgets eletrônicos. Já Zylinska se concentra nos processos de extinção relacionados à indústria de imagens digitais, compondo em *The Vanishing Object of Technology II*[23] um irônico ritual fúnebre das promessas nunca cumpridas de um mundo *wireless*, concentrando-se no emaranhado de cabos que faz o processamento computacional funcionar.

Operando nas duas faixas, do impacto ambiental e da obsolescência programada, Bambozzi construiu uma máquina devoradora de lixo eletrônico. Composta de um dispositivo de armazenamento de celulares obsoletos, uma prensa e um medidor de frequência de ondas eletromagnéticas, a obra é uma máquina

---

2014 – Afterglow; ISEA (International Symposium on Electronic Arts)
2015 – Disruption.
21 J. Zylinska, *Nonhuman Photography*, op. cit., p. 127.
22 Pieter Hugo, *Permanent Error*, 2009, disponível em: pieterhugo.com.
23 Joanna Zylinska, *The Vanishing Object of Technology*, disponível em: nonhuman.photography/wires.

autônoma, que toma suas decisões com base na intensidade dos campos eletromagnéticos no recinto expositivo. O medidor mapeia a intensidade do eletromagnetismo, identificando a quantidade de celulares no espaço. Quanto maior o número de aparelhos celulares ativos no local, mais intenso é o campo eletromagnético. Quanto mais intenso o campo, mais rapidamente o armazenador despeja celulares e a prensa se move. O processo é lento e leva o público presente ao delírio catártico.

A adrenalina que o projeto aciona, levando os visitantes a ligarem os seus aparelhos muito perto da máquina, procurando "otimizar" o processo de esmagamento dos celulares, é possivelmente resultado do misto de prazer e repulsa pela destruição que provoca, enquanto promove a desfetichização tecnológica, pela própria ação na técnica. Afinal, quanto mais usamos os celulares, mais forçamos a pulverização de equipamentos que, de símbolos de luxo, rapidamente se convertem em lixo.

Das coisas quebradas tensiona as relações entre consumo, consumismo e obsolescência programada, sem recair em um discurso assistencialista de uma prática pretensamente ecológica, baseada apenas na disposição pessoal do indivíduo. "É a simulação física de um mecanismo contínuo, que opera entre as redes e o mundo real, onde a autonomia eventualmente caduca, os princípios se mostram obsoletos e percebemos que estamos na era da internet das coisas quebradas", afirma Bambozzi.[24]

Indiretamente, Bambozzi chama atenção para um dos mais perversos aspectos da indústria de equipamentos eletrônicos: o e-lixo. Em 2006, o Programa das Nações Unidas para o Meio Ambiente já alertava para o problema, constatando a

---

24 III *Mostra 3M de arte digital: Tecnofagias* (catálogo). São Paulo: ELO3, 2012, p. 70.

obsolescência de 315 milhões de computadores e 850 milhões de celulares, algo que tangia a escala de 50 milhões de toneladas de eletrônicos.[25] Isso seria suficiente para encher 125 mil Boeings 747 com traquitanas de todos os tipos. Diante desse quadro, não seria exagero dizer que nada parece ser mais urgente para alguns artistas do que colocar em discussão as dimensões políticas e sociais da economia do hardware daquilo que consumimos.

Ao elaborar criticamente o tema da obsolescência programada, os artistas aqui citados promovem seu desenraizamento da cultura do marketing, a que originariamente pertence, e do processo de "brandificação" do cotidiano, do qual, hoje, mais do que nunca, ela depende. Nesse contexto, reposicionam a questão do consumo, desarticulando-o da noção de mero consumismo. Aderem a um novo paradigma estético, nos termos propostos pelo filósofo e psicanalista francês Félix Guattari (1930–92), que pressupõe "implicações ético-políticas". Isso porque "quem fala em criação, fala em responsabilidade da instância criadora em relação à coisa criada, em inflexão de estado de coisas, em bifurcação para além de esquemas preestabelecidos", o que remete, certamente, "à consideração do destino da alteridade em suas modalidades extremas".[26]

---

[25] United Nations Environment Programme, *World Forum on E-waste*. Nairobi: Unep, 2006, disponível em: web.archive.org/web/20220125210031/http://archive.basel.int/meetings/bureau/bureau%204%20cop%207/02e.pdf. Para uma discussão sobre o impacto ambiental da tecnologia digital, ver também Kate Crawford, *Atlas of AI: Power, Politics, and the Planetary Costs of Artificial Intelligence*. New Haven: Yale University Press, 2021, pp. 21–53.

[26] Félix Guattari, *Caosmose: Um novo paradigma estético*, trad. Ana Lúcia de Oliveira e Lúcia Cláudia Leão. São Paulo: Editora 34, 2002, p. 137.

Esse quadro distópico não deixa de ser sugestivo, no entanto, para uma leva de ações que produzem novas nostalgias. Entre elas, a paradoxal nostalgia do futuro, que encontra sua expressão em projetos como o Museu do Amanhã, inaugurado em dezembro de 2015, no Rio de Janeiro, inteiramente dedicado ao porvir, e o Celeiro do Século, implantado em Nantes, na França. Lá, 11 855 habitantes da cidade depositaram, em 1999, objetos diversos, de velhos transistores a celulares, que ficarão guardados em cilindros metálicos até 2100, quando serão abertos.[27]

"Transformou-se a relação espaço/tempo, com ampliação daquele e aceleração deste, coincidindo com a difusão da internet", frisa a professora Maria Cecília França Lourenço. Isso, na órbita do patrimônio cultural, implicou novos desafios e problemas, como o de pensar em fórmulas e procedimentos de conservação para as coleções museais, sejam elas presenciais ou digitais. Elas lidam com a própria dilatação da vida e da emergente noção de patrimônio imaterial.[28]

Mas lidam também com um mundo cada vez mais assombrado pela iminência da catástrofe, em que a tomada de consciência do Antropoceno se mescla ao abalo das utopias políticas que deram forma e força ao pensamento moderno. Do ponto de vista estético, isso se desdobra na retomada do imaginário da ruína na arte contemporânea. "Temos saudade das ruínas da modernidade porque elas ainda parecem encerrar uma pro-

---

27 Nicolas de La Casinière, "Le Siècle au grenier". *Libération*, 31 dez. 1999, disponível em: liberation.fr/culture/1999/12/31/le-siecle-au-grenier-a-nantes-10-000-objets-vont-etre-scelles-dans-un-entrepot-reouverture-le-1er-ja_292294/.

28 Maria Cecília França Lourenço, "Museus e desafios na atualidade", in Márcia Merlo (org.), *Memórias e museus*. São Paulo: Estação das Letras e Cores, 2015, p. 33.

messa que desapareceu da nossa era: a promessa de um futuro alternativo",[29] escreveu Andreas Huyssen, chamando atenção para as nuances de que essa coqueluche de ruínas é sintoma.

O FUTURO DAS RUÍNAS

Tema caro ao imaginário fotográfico, as ruínas se impõem como protagonistas e chaves de interpretação do contexto urbano desde o século XIX. Não apenas porque foram recorrentemente retratadas, mas também porque nenhuma arte foi tão decisiva para sacralizar a crença no futuro como a fotografia. Basta lembrar as imagens de Marc Ferrez (1843-1923) da paisagem urbana do Rio de Janeiro e da construção das grandes ferrovias brasileiras. Não menos importantes são as fotos de Augusto Malta (1864-1957), que documentou a demolição do Morro do Castelo, em 1922, também no Rio de Janeiro, e as de Guilherme Gaensly (1843-1928) para a Light & Power, registrando a reurbanização de São Paulo no começo do século XX.[30] Essas imagens, para além do rigor estético e da invenção tecnológica, documentam uma época em que se acreditava na continuidade de progresso e no poder de imortalidade que a fotografia prometia às conquistas da indústria.

---

29 A. Huyssen, *Culturas do passado-presente*, op. cit., p. 93.
30 Para algumas imagens dessas séries, ver Andrea Wanderley, "Série 'O Rio de Janeiro desaparecido' VIII - A demolição do Morro do Castelo", *Brasiliana Fotográfica*. Disponível em: brasilianafotografica.bn.gov.br/?p=14030; Maria de Fátima Morado, "Pereira Passos e Marc Ferrez: Engenharia e fotografia para o desenvolvimento das ferrovias", Brasiliana Fotográfica, disponível em: brasilianafotografica.bn.br/?p=14387.

Nessas fotos, fica claro como a ruína se confunde, naquele momento, com o anúncio do que virá a ser e não como prenúncio do fim. Ao guardar a potência para presentificar aquilo que é vivo na morte,[31] a ruína poderia acalentar uma ideia de futuro. Nessa direção, o filósofo Nelson Brissac Peixoto chama atenção para o paradoxo que aproxima as imagens da ruína das de obras urbanas no século XIX: "A majestade da grande cidade se acompanha da sua decrepitude. É na medida em que se destrói que a cidade aflora como permanência. As paisagens urbanas estão sempre em devir".[32]

Mas hoje, diante dos desmoronamentos cotidianos, de incêndios que consomem patrimônios e desastres ecológicos e políticos, que engolem vidas e soterram paisagens, o que prevalece é o sentido da catástrofe, do tempo que não terá um depois. Os incêndios do Museu Nacional, no Rio de Janeiro, e da catedral de Notre-Dame, a destruição da Floresta Amazônica, o desastre de Mariana e a trágica ruptura da barragem de Brumadinho, em Minas Gerais, são algumas evidências desse novo tempo das catástrofes[33] que domina o nosso presente. Ele aparece com tons apocalípticos, em uma série de imagens do artista Alex Flemming, e ceticamente desencantados, como no ensaio fotográfico de Ana Ottoni sobre as ruínas brutalistas paulistas.

---

31 Sobre a ambivalência das ruínas, ver a introdução de Sergio Paulo Rouanet e o texto de Walter Benjamin, *Origem do drama barroco alemão*, trad. Sergio Paulo Rouanet. São Paulo: Brasiliense, 1984, pp. 38-47 e 199-204.
32 Nelson Brissac Peixoto, *Paisagens urbanas*. São Paulo: Marca d'Água, 1996, p. 223.
33 Para uma discussão da temporalidade da catástrofe, ver Isabelle Stengers, *No tempo das catástrofes*, trad. Eloisa Araújo. São Paulo: Cosac Naify, 2015, especialmente pp. 39-51.

Nesse espectro, a contemporaneidade manifesta-se como imagem da "falência do projeto moderno e retrato dos nossos desastres político-institucionais", nas palavras de Ottoni. No silêncio da sua decrepitude, ruínas de arquiteturas que se impuseram como antinômicas ao passado, como as modernistas, tornam-se um enigma do presente que não remete a nenhum futuro.

Flemming comenta que sua série *Apokalypse* (2019) foi realizada com fotos trabalhadas como máscaras-estênceis, porque isso lhe permitiu "literalmente desconstruir os edifícios-símbolo escolhidos, como representantes do 'mundo de cultura', ameaçado em se tornar passado destruído, como Palmira ou os Budas de Bamiyan".[34] Para o artista, a imagem é o seu "privilégio para comentar o mundo", "um alerta", e ele espera "que não seja profecia". A advertência tem propósito, até porque sua imagem da catedral Notre-Dame em colapso foi feita em 2015.

Um dos mais importantes símbolos de Paris, imortalizado pelo corcunda que protagonizou o livro mais popular do escritor Victor Hugo (*O corcunda de Notre-Dame*, 1831), a imagem da catedral em chamas levou a internet ao delírio, quando do seu trágico incêndio em 15 de abril de 2019. Registrada aos quaquilhões de bytes, a inumerável quantidade de fotos das suas torres nas redes sociais fazia jus à febre da *ruin porn*.[35] Essa ruína pornográfica é uma espécie de doença da cultura visual contemporânea. Inebriada pelo espírito "retromaníaco" do mundo

---

[34] Comentário feito em entrevista à autora. Giselle Beiguelman, "O futuro das ruínas na era do esquecimento programado". *Zum*, 20 maio 2019, disponível em: revistazum.com.br/colunistas/futuro-das-ruinas.
[35] Sobre o tema da *ruin porn*, ver Silas de Souza Martí, *Territórios de exceção: Resistência e hedonismo em ruínas urbanas*. Dissertação de mestrado. São Paulo: Faculdade de Arquitetura e Urbanismo, Universidade de São Paulo, 2018, pp. 4–50.

do design, que clona de geladeiras dos anos 1950 a grilhões de escravos como adereços de tênis, como fez a Adidas,[36] é uma ode ao esvaziamento da história pela banalização das imagens, analisada pelo artista israelense Shahak Shapira.

Em *Yolocaust* (2017),[37] Shapira manipulou selfies em lugares da memória do Holocausto. Nas suas montagens, ele critica a estética inapropriada da cultura das redes para lidar com espaços marcados por passados traumáticos. Imagens como a de um rapaz pulando no Memorial do Holocausto, projetado pelo arquiteto estadunidense Peter Eisenman, em Berlim, eram retrabalhadas com fotos históricas que retratavam judeus nos campos de extermínio nazistas e ganhavam novas legendas, como "Pulando em judeus mortos no Memorial do Holocausto".

O mesmo fenômeno de neutralização da dor e da história converteu a obra *Barca Nostra* (2019), do artista suíço-islandês Christoph Büchel, exposta na 58ª Bienal de Veneza, em um clichê instagramático cheio de senões, a despeito das intenções do artista. Büchel remontou o barco de pesca que afundou no Mediterrâneo em 2015, matando oitocentas pessoas. Considerado o maior desastre da atual crise migratória da Europa, o naufrágio é objeto de um memorial que se planeja construir em Augusta, na Sicília, para onde o barco deveria ter sido levado depois de Veneza. Malgrado o rigor que cercou a empreitada, que envolveu um meticuloso trabalho de reconstrução e toda

---

[36] Seb Joseph, "Adidas Cancels 'Shackle' Trainer after Slavery Outcry". *Marketing Week*, 20 jun. 2012, disponível em: marketingweek.com/adidas-cancels-shackle-trainer-after-slavery-outcry/.

[37] Shahak Shapira, *Yolocaust – The Aftermath*, disponível em: yolocaust.de; para imagens do projeto, acesse: "'Yolocaust': How Should You Behave at a Holocaust Memorial?", BBC News, 20 jan. 2017, disponível em: bbc.com/news/world-europe-38675835.

uma negociação para que fosse retirado de Augusta e levado ao Arsenal, sua inserção em um cenário tão *appealing*, como a cidade de Veneza, transformou a ideia de mobilizar a consciência política dos visitantes e a memória histórica em pano de fundo para imagens sorridentes e banais.[38] Pois como ignorar que vivemos uma época em que a memória se tornou um suvenir descartável e qualquer violência se converte em imagem de consumo fácil?

Nesse contexto, ganham relevância obras artísticas que se nutrem da própria imagem para desconstruir o sentido apaziguador que a fotografia adquiriu ao sabor das redes. Longe de apontarem para um cenário de calamidade, estéticas contemporâneas das ruínas configuram estratégias críticas, atuando como um contraponto a visões lineares de progresso. Também nos permitem repensar a tecnologia de pontos de vista que são menos eufóricos e menos conservadores, contextualizando-a em relação a perspectivas de instabilidade e desorganização social.

Os artistas que trabalham sobre esses temas e pensam nessas questões parecem inclinados a abordar a tecnologia e o futuro de maneira mais analítica, mais irônica e menos desesperada. São artistas que operam a partir das iminências da perda dos dados e com a potencial impossibilidade de restauração das máquinas. Falamos aqui de estéticas da memória que pressupõem o irrecuperável, a falha e a lacuna como padrão, e não como a exceção, no ecossistema de armazenagem digital.

---

38 Katherine Keener, "Concerns Grow as 'Barca Nostra', Made of the Wreckage That Killed Hundreds, Overstays Its Welcome in Venice". *Art Critique*, 3 dez. 2020, disponível em: art-critique.com/en/2020/12/barca-nostra-at-the-heart-of-another-potential-tragedy/.

É o que se pode resumir em um termo como *glitch*. Termo oriundo da música, no contexto dos anos 1990, em reação à pasteurização da música eletrônica, o *glitch* firmou-se ao longo dos 2000 como a estética do erro e do ruído de processamento.[39] Imagem da ruína do código informático, aponta para uma visão de tecnologia que pode se constituir como uma dissidência não só estética, mas também política. Esse é o ponto de vista da escritora Legacy Russell, que, à luz do ciberfeminismo, argumenta ser o *glitch* uma fissura que possibilita pensar o sistema para além de seus binarismos.[40]

Essas abordagens se afinam, assim, com o conceito de desobediência tecnológica, elaborado pelo artista cubano Ernesto Oroza. Radicado na França, Oroza estudou os dispositivos criados pela população de Cuba para sobreviver depois da crise econômica do país com o fim da União Soviética e começou a colecionar algumas dessas máquinas. Mais tarde ele as contextualizou como arte em um movimento que chamou de desobediência tecnológica.[41] Oroza salienta o potencial subversivo dessas máquinas criativas, afirmando que o conceito de desobediência tecnológica lhe permitiu compreender como os cubanos agiram em relação à tecnologia e como desrespeitaram a "autoridade" desses objetos contemporâneos.

---

39 Kim Cascone, "The Aesthetics of Failure: 'Post-Digital' Tendencies in Contemporary Computer Music". *Computer Music Journal*, n. 4, v. 24, 2000, pp. 12-18; Rosa Menkman, *The Glitch Moment(um)*. Amsterdam: Institute of Network Cultures, 2011.
40 Legacy Russell, *Glitch Feminism: A Manifesto*. New York: Verso, 2020.
41 Vice Satff, "The Technological Disobedience of Ernesto Oroza". *Motherboard*, 9 set. 2010, disponível em: vice.com/en/article/qbj933/the-technological-disobedience-of-ernesto-oroza.

Isso acontece também em *Disruptions*, 2015-2017,⁴² do fotógrafo palestino Taysir Batniji, baseado na França desde 1994. A série é um conjunto de 86 *screenshots* de videochamadas com sua mãe e a família, residente em Gaza, na Palestina, onde ele nasceu e cresceu, mas para onde não pode voltar desde 2006 por conta do bloqueio israelense. Pixelizadas, corrompidas, fragmentadas, as imagens trazem todas as marcas das interrupções contemporâneas: exílio, nomadismo, deslocamento e falhas de conexão (sociais e afetivas, sobretudo).

Como afirmou a artista e ensaísta alemã Hito Steyerl em um dos seus ensaios mais famosos, estamos falando aqui do "lixo que se acumula às margens das economias digitais. Ele testemunha o violento deslocamento, transferência e mobilidade de imagens – sua aceleração e circulação dentro dos círculos viciosos do capitalismo audiovisual".⁴³

Por esses motivos, Russell afirma que o *glitch* "carrega consigo a tecnologia do remix no seu próprio código". Para alguns artistas, como Tabita Rezaire, autodeclarada franco-guiano--dinarmaquesa, ele funciona como uma "tecnologia de cura",⁴⁴ confrontando o colonialismo dos dados e a eugenia maquínica da cultura digital. Por incidir na própria memória do computador, a cultura do *glitch* coloca em pauta o desvio do vocabulário visual e da própria linguagem de programação. Aponta, assim, para uma visão de mundo que se constitui como uma dissidência do design dos equipamentos prateados e de cantos arredondados

---

42 Taysir Batniji, *Disruptions*, 2015-2017, disponível em: taysirbatniji.com/project/disruption-2015-2017-2.
43 Hito Steyerl, "In Defense of the Poor Image", in *The Wretched of the Screen*. Berlin: Sternberg, 2020, p. 32.
44 L. Russell, *Glitch Feminism*, op. cit., pp. 115-16.

que imperam no mundo digital, colocando em jogo um imaginário muito distinto do silêncio melancólico das ruínas românticas.

Se os anos 1980 foram marcados pela emergência do tema dos lugares da memória[45] e pelas estéticas combinatórias pós-modernas, e os 1990 consolidaram as políticas transnacionais da memória e os grandes eventos midiáticos, os 2000 são, ao menos nessas duas primeiras décadas, os anos das ruínas ruidosas das memórias desobedientes do século digital. São elas o antídoto crítico à "gadgetização" da história e às distopias do Antropoceno, reafirmadas pelo coronavírus.

---

45 Pierre Nora, "Entre memória e história: A problemática dos lugares", trad. Yara Aun Khoury. *Projeto História: Revista do Programa de Estudos Pós-graduados de História*, v. 10, 1993, disponível em: revistas.pucsp.br/index.php/revph/article/view/12101.

6 POLÍTICAS DO PONTO BR AO PONTO NET

politicasdaimagem.ubueditora.com.br|capitulo-6

A Covid-19 foi definida como a "doença do Antropoceno",[1] expressando sua correlação com o desequilíbrio ecológico. Até onde se sabe, um novo coronavírus, o SARS-COV-2, agente causador da doença, teria sido transmitido de morcegos para humanos, conforme indicam pesquisas científicas,[2] irradiando-se a partir do mercado de carne de Hankou, em Wuhan, onde são comercializadas mais de 75 diferentes espécies de animais. O fato de serem comerciantes desse mercado os primeiros contaminados pelo coronavírus não é, portanto, uma coincidência. Repete-se aí um ciclo de zoonoses que desembocam em outras endemias e pandemias, como a da síndrome respiratória aguda grave (*severe acute*

[1] Cristina O'Callaghan-Gordo e Josep M. Antó, "Covid-19: The Disease of the Anthropocene". *Environmental Research*, v. 187, 1 ago. 2020.
[2] Apesar de algumas teorias aventarem a possibilidade de o SARS-COV-2 ter começado a infectar humanos após um acidente em laboratório, estudos científicos indicam que a origem da doença está relacionada ao contexto das zoonoses. Denis Jacob Machado et al., "Fundamental Evolution of All *Orthocoronavirinae* Including Three Deadly Lineages Descendent from Chiroptera-Hosted Coronaviruses: SARS-COV, MERS-COV and SARS- COV-2". *Cladistics*, 26 abr. 2021; Ben Hu et al., "Characteristics of SARS-COV-2 and Covid-19". *Nature Reviews Microbiology*, n. 3, v. 19, mar. 2021, pp. 141-54; Najmul Haider et al., "Covid-19-Zoonosis or Emerging Infectious Disease?". *Frontiers in Public Health*, v. 8, 26 nov. 2020.

respiratory syndrome, Sars), em 2002, que atingiu primeiramente os comerciantes de animais selvagens da província de Guangdong. Em síntese, o que está na raiz do problema são processos extrativistas e o contato desregrado entre humanos e espécies selvagens, tendo como consequências a perda de biodiversidade e o aumento das doenças infecciosas. É nessa seara que se compreende o porquê da alcunha antropocênica atribuída à Covid-19. Conceito formulado pelo químico Paul Crutzen (Prêmio Nobel de 1995), o Antropoceno é a era geológica modelada pela ação humana. Ainda rodeado de muitas imprecisões, visto que não há acordo sequer sobre as balizas cronológicas da sua origem, é difícil desvinculá-lo da Revolução Industrial do século XIX, com o início da extração sistemática do petróleo e de outros recursos naturais para a produção energética e de matérias-primas.

A despeito das polêmicas científicas, o termo Antropoceno ganhou popularidade porque pressupõe uma tomada de consciência global de que "a Terra está se tornando sensível a nossas ações e nós, humanos, em certa medida, estamos nos transformando em geologia".[3] Essa perspectiva geo-histórica é contestada por teóricos como o historiador da arte Thomas J. Demos, que, seguindo o geógrafo Jason W. Moore, prefere denominar nossa era Capitaloceno, termo que nos permite "chamar a violência pelo nome" e abordar criticamente o impacto social e econômico das mudanças climáticas.[4] Essa postura crítica significa, no campo estético, ainda segundo Demos, renunciar ao prazer

---

3   Bruno Latour, *Diante de Gaia: Oito conferências sobre a natureza do Antropoceno*, trad. Maryalua Meyer. São Paulo: Ubu Editora, 2020, p. 183.
4   Thomas J. Demos, *Against the Anthropocene: Visual Culture and Environment Today*. Berlin: Sternberg, 2020, p. 86; Jason W. Moore (org.), *Anthropocene or Capitalocene?: Nature, History, and the Crisis of Capitalism*. Oakland: PM Press, 2016.

contemplativo que as imagens da devastação da natureza sugerem. O autor chama atenção para o modo como o paradigma da visualidade da revista *National Geographic* se tornou dominante nas abordagens do Antropoceno. No seu repertório, são comuns imagens aéreas cujas abstrações geométricas ocultam a miséria e os efeitos das indústrias de mineração, petróleo e carvão na vida das populações que habitam essas áreas.[5] A esse tipo de visão, Demos contrapõe obras de artistas como Angela Melitopoulos, Ursula Biemann, Terike Haapoja e dos duos Allora & Calzadilla, Public Studio, formado por Elle Flanders e Tamira Sawatzky, e Teddy Cruz e Fonna Forman.[6]

O fato é que, em um momento como o da pandemia do coronavírus, a compreensão de um ecossistema planetário, no qual meio ambiente, saúde pública e as dinâmicas socioeconômicas e culturais estejam contempladas, tornou-se urgente. A discussão estética, nesse contexto, é igualmente central. Pandemia global, a Covid-19 é também uma pandemia de imagens. Nela se consolidou um novo vocabulário visual, fundado em estéticas da vigilância e da extroversão da intimidade, cruzando a aceleração do cotidiano, pela digitalização da vida, com a perda de horizontes plasmada pela resiliência da Covid-19. Entre as câmeras térmicas e as bibliotecas pessoais que ocuparam as lives, naturalizamos experiências culturais que até o início de 2020 nos eram estranhas ou no mínimo raras.[7] Essas

---

5 Ibid., pp. 60-64.
6 Id., *Beyond the World's End: Arts of Living at the Crossing*. Durham: Duke University Press, 2020.
7 Para uma análise detalhada dessas questões, ver Giselle Beiguelman, *Coronavida: Pandemia, cidade e cultura urbana*. São Paulo: Escola da Cidade, 2020.

experiências tornaram familiar uma multiplicidade de linguagens, a começar pela síntese computadorizada do próprio vírus.

Vários centros de pesquisa desenvolveram processos de renderização das imagens captadas em microscópios eletrônicos, mas foi a obra dos ilustradores Alissa Eckert e Dan Higgins, dos Centros de Controle e Prevenção de Doenças (Centers for Disease Control and Prevention, CDC) dos Estados Unidos,[8] a que se tornou a mais conhecida. É fato que essa especialidade no campo do design (design de vírus) não é novidade. Mas a popularidade alcançada pela "arte-final" do coronavírus de Eckert e Higgins é inédita. Rechonchudo e ligeiramente enrugado, o coronavírus desenhado nos CDC respondia ao desafio de criar uma marca, uma identidade que pudesse funcionar em qualquer meio,[9] conferindo visualidade a um "microsser" de cerca de 120 nanômetros de diâmetro, muito além da capacidade de captação do olho humano, que alcança no máximo quatrocentos nanômetros.

O sucesso do projeto, que começou em um microscópio eletrônico e terminou no software de computação gráfica Autodesk 3D Max, teve a escala da magnitude da pandemia. Com o apelo quase de uma criatura de *Monstros S.A.* (2001), do estúdio Pixar, essa síntese computadorizada do coronavírus tomou o mundo, vista e apropriada de incontáveis formas, nas mais diversas plataformas. Tornou-se a tal ponto familiar e aderente ao circuito midiático que suas origens laboratoriais se apagaram.

---

8 Centers for Disease Control and Prevention, "Details – Public Health Image Library (PHIL)", disponível em: phil.cdc.gov/Details.aspx?pid=23311.

9 Cara Giaimo, "The Spiky Blob Seen Around the World". *The New York Times*, 1 abr. 2020, disponível em: nyti.ms/3viIolO.

Não menos significativas da pandemia das imagens são as do presidente Jair Bolsonaro, cujas fotos, sem máscara e provocando aglomerações, expressam sua abordagem política do coronavírus, e a visão, via drones, das escavadeiras abrindo valas para vítimas que sucumbiram à doença em cemitérios populares. Essas são algumas das imagens que constituem os enunciados políticos das retóricas visuais da Covid-19 no Brasil. Entendê-las, no entanto, pressupõe revisitar alguns momentos marcantes da relação entre imagem e política na atualidade.

RETÓRICAS VISUAIS DA MEMEFLIX NACIONAL

Foi-se o tempo em que a visualidade da política se concentrava nas máquinas de propaganda do Estado e em campanhas de "santinhos" impressos, fotos e vídeos dos candidatos em comícios, carregando criancinhas em favelas, tomando café em bares da periferia e inaugurando obras.[10] Hoje estamos diante de um novo arco de produção simbólica, que inclui a tomada das telas de TV no horário nobre, infiltrações ativistas na primeira página dos jornais e muitos memes.

Poucos momentos explicitaram tão bem essa nova condição como os que antecederam a prisão do ex-presidente Luiz Inácio Lula da Silva, no dia 7 de abril de 2018. No tempo-espaço do Sindicato dos Metalúrgicos em São Bernardo (SP), onde Lula

---

[10] A respeito das retóricas visuais recorrentes nas imagens do poder político, ver Roland Barthes, "Fotogenia eleitoral", in *Mitologias* [1957], trad. Rita Buorgeminio e Pedro de Souza. Rio de Janeiro: Difel, 1985, pp. 102–03; Lilia Moritz Schwarcz, "O dirigente, a criança e o futuro". *Zum*, 11 dez. 2020, disponível em: revistazum.com.br/colunistas/o-dirigente-a-crianca-e-o-futuro/.

ficou por 48 horas, a foto do ex-presidente carregado pela multidão, depois de um discurso histórico de 54 minutos, viralizou. De autoria de um até então desconhecido jovem de dezoito anos, Francisco Proner, foi compartilhada incontáveis vezes no Instagram e no Facebook e estampou o noticiário de veículos tradicionais, como o *The Guardian* e o *The New York Times*, sobrepondo-se às narrativas oficiais sobre o caso.

O fenômeno de recontextualização dessa imagem está longe de ser um fato isolado e responde a uma lógica de apropriações que é característica das formas como se encadeiam os jogos políticos estéticos nas redes, da esquerda à direita. Não se trata aqui de abrir uma discussão sobre a história da apropriação na arte contemporânea desde a pop art. Tampouco de explorar as práticas do sampler e do remix, que pautam a cultura eletrônica e digital desde os anos 1970, e as particularidades das estéticas dos bancos de dados, tão fulcrais no contexto da net art.[11] O foco aqui são as imagens que saem de uma mídia para outra, da TV às interfaces das redes sociais. Nesse movimento de passagem de tela a tela, elas vão se convertendo em múltiplas derivadas e podem implicar uma ruptura com o sistema de representações vigente e seus mecanismos de organização simbólica.

Quando essas rupturas acontecem, desestabilizam a ordenação interna dos meios de comunicação de massa, e esse é um dos traços mais interessantes da ecologia midiática atual. A invasão do triplex do Guarujá (SP) pelo Movimento dos Traba-

---

[11] Para uma reflexão sobre cada um desses temas, ver Claudia Giannetti, *VI Mostra 3M de Arte Digital: WhatsAppropriation* (catálogo). São Paulo: ELO3, 2015; Eduardo Navas, *Remix Theory: The Aesthetics of Sampling*. Vienna: Ambra, 2012; V. Vesna (org.), *Database Aesthetics*, op. cit., 2007.

lhadores Sem Teto (MTST), ocorrida no dia 16 de abril de 2018, explicita essa relação. Na ocasião, trinta pessoas ocuparam por três horas o apartamento atribuído ao ex-presidente Lula, que o levou a ser condenado a doze anos de prisão. Mais do que funcionar como plano de tomada do apartamento, a ocupação-relâmpago do triplex foi porta-voz dos argumentos contrários à sua condenação.

Os veículos de divulgação do protesto, contudo, não se resumiram às redes sociais, cada vez mais confinadas a bolhas, algoritmicamente dirigidas, e nas quais os grupos tendem a falar entre si e para si. O protesto invadiu a pauta dos principais noticiários da TV e teve sua mensagem estampada na primeira página dos jornais mais relevantes do país. "Se é do Lula, é nosso. Se não é, por que prendeu?"[12] Essa era a mensagem que os manifestantes carregavam nas suas faixas e que se infiltrou nos veículos midiáticos tradicionais.

Nesse contexto, a ação política torna-se happening e a regra do jogo passa a ser a consciência de estar "dentro" de uma futura imagem. Como assinala a pesquisadora Esther Hamburger, essas infiltrações midiáticas "ocorrem em ações políticas performáticas que antecipam, e até certo ponto provocam, a reverberação de imagens que inundam circuitos transnacionais, usualmente preenchidos por conteúdos produzidos por corporações especializadas na produção de notícias".[13]

---

12 "MTST invade triplex em Guarujá que é atribuído ao ex-presidente Lula", *Jornal Nacional*, 16 abr. 2018, disponível em: globoplay.globo.com/v/6667552/.
13 Esther Império Hamburger, "Guerra das Imagens". *Rapsódia*, n. 12, 8 jan. 2018, p. 39.

Algo que já estava enunciado com bastante força nas ações Zumbi Somos Nós (2007), do grupo Frente 3 de Fevereiro,[14] mas que se torna socialmente transversal nas manifestações de junho de 2013. Afinal, como não lembrar que um de seus momentos mais marcantes foi a travessia da ponte Octávio Frias de Oliveira, em São Paulo, no dia 17 daquele mês? Roteiro até então incomum nos protestos, a ponte estaiada é o cenário que se entrevê ao fundo em vários programas jornalísticos da Rede Globo. Foi, por isso, o local escolhido pelos manifestantes para gritar palavras de ordem contra a emissora e pressioná-la a mudar o tom sobre os protestos contra o aumento de tarifas públicas. As declarações da jornalista Patrícia Poeta, no *Jornal Nacional* daquela noite, em defesa da cobertura até então realizada, inseria indiretamente os manifestantes no quadro e consumava o sentido da ponte ocupada, como imagem e dispositivo político.[15]

Os registros do performático desfile de moda dos estudantes secundaristas na ocupação da Assembleia Legislativa do Estado de São Paulo (Alesp),[16] em maio de 2016, em protesto contra a corrupção na compra da merenda escolar, evidenciam, nesse contexto, uma transformação radical em curso. Ela diz respeito aos meios de ver e dar visibilidade aos conflitos e às rei-

---

14 Refiro-me particularmente à ação realizada na final da Copa Libertadores da América, no Estádio do Morumbi, quando o grupo Frente 3 de Fevereiro, que estava nas arquibancadas, estendeu a bandeira com os dizeres "Onde estão os negros?", cujas imagens foram transmitidas na cobertura televisiva, em cadeia nacional. Daniel Lima, *Zumbi Somos Nós*, 2007, disponível em: youtu.be/9g7m12ixqjM?t=1478.
15 "Manifestações de junho de 2013 – *Jornal Nacional* – Memória", 17 jun. 2013, disponível em: glo.bo/3zeWasG.
16 "Secundaristas realizam Alesp Fashion Week em ocupação". Vaidapé, 6 maio 2016, disponível em: vaidape.com.br/?p=16551.

vindicações, sem deixar de iluminar a diversidade dos corpos e sua dissidência dos padrões normativos.

No limite extremo desses processos, ocorre uma inversão dos procedimentos que marcaram as relações entre arte, política e mídia nos anos 1970, durante a ditadura, quando as artes politizavam as mídias esteticamente. As infiltrações em jornais feitas por Cildo Meireles (1970), Paulo Bruscky e Daniel Santiago (a partir de 1974), ou no noticiário, como fez o grupo 3NÓS3, na intervenção urbana *Ensacamento* (1979), são alguns exemplos desse tipo de artivismo. Em ações como a "Alesp Fashion Week", dispara-se outro vetor: é a política que ganha, via mídia, dimensões estéticas.

É verdade que a relação entre imagem e política não é nova. Central nos totalitarismos dos anos 1930, constituiu o pilar de sustentação da sociedade do espetáculo conceituada por Guy Debord. Contudo, a associação entre imagem e política agora é de outra ordem. Mais que lugar e meio de transmissão de ideias e linguagens, a imagem é o próprio campo das tensões políticas.[17]

É na imagem, e não a partir dela, que os embates se projetam socialmente. Na explosão de fotos, vídeos e muitos memes que desembocam rapidamente nas redes, a imagem se converte em um dos territórios de disputa mais importantes da atualidade. Bolsonaro e seus apoiadores introjetaram rapidamente essa dinâmica, um dos ingredientes mais importantes de sua receita de sucesso rumo ao Palácio do Planalto, calibrados pelas

---

17 Guy Debord, *A sociedade do espetáculo*, trad. Francisco Alves e Alves Monteiro. Lisboa: Afrodite, 1972. A respeito da discussão sobre a relação entre estética e política na atualidade, ver Jacques Rancière, *A partilha do sensível: Estética e política* [2000], trad. Monica Costa Netto. São Paulo: Editora 34, 2009, pp. 12-13.

redes sociais.[18] Que o digam os manifestantes bolsonaristas gritando "Facebook, Facebook, WhatsApp, WhatsApp!!!" na Esplanada dos Ministérios, no dia 1º de janeiro de 2019.

Não é de agora que as redes sociais se tornaram lugares relevantes nos processos políticos, e isso está longe de ser uma exclusividade dos apoiadores do presidente Bolsonaro. Muito se falou sobre a importância das redes sociais em movimentos como a Primavera Árabe, o 15-M espanhol e o Occupy Wall Street, que aconteceram em 2011, e as Manifestações de Junho de 2013 no Brasil.[19] No calor da hora, chegou-se a identificar a Primavera Árabe como a primeira revolução feita pelo Twitter.[20] Pode-se dizer que há exagero nessas colocações, mas não há exagero algum em afirmar que, sem os recursos do Facebook e do Twitter, essas manifestações não ocorreriam da forma como ocorreram. Sua capacidade de divulgação global, alcance social e disseminação está diretamente relacionada a essas redes sociais.

Discorri sobre essas questões em outras publicações,[21] mas enfatizo aqui que o caso da chegada de Bolsonaro à presidên-

---

18 Para um contraponto às imagens compartilhadas pelos bolsonarista nas redes, ver o *Calendário dissidente* da pesquisadora Didiana Prata, que reúne imagens ativistas de 2018 até o fim de 2020. Disponível em: calendariodissidente.fau.usp.br.
19 Ver Manuel Castells, *Redes de indignação e esperança*, trad. Carlos Alberto Medeiros. Rio de Janeiro: Zahar, 2013, e Fabio Malini e Henrique Antoun, *A internet e a rua: Ciberativismo e mobilização política nas redes sociais*. Porto Alegre: Sulina, 2013
20 Henry Jenkins, "Twitter Revolutions?", *Spreadable Media* (blog), 2012, disponível em: spreadablemedia.org/essays/jenkins/#.YLPlGvlKhPZ. Importante sublinhar que o teórico de mídia Henry Jenkins reconsiderou algumas posições expostas nesse ensaio alguns anos depois.
21 Refiro-me a "Redes reais: arte e ativismo na era da vigilância compartilhada". *Rapsódia*, n. 12, 2018, pp. 65-78 e "Territorialização e

cia desloca o eixo dessas análises. No seu espectro, como veremos, as redes sociais são o espaço primordial de construção e realização da política. Nessa perspectiva, a saudação inédita em qualquer posse presidencial, levada a cabo pela militância bolsonarista para recepcionar a imprensa, em Brasília, naquele dia, fazia jus ao estilo do novo titular do posto, Jair Messias Bolsonaro, e indicava um redirecionamento das relações entre a internet e as ruas. Nas suas redes sociais, o presidente deixa claro que elas não foram apenas meios de acesso ao poder. Mais que veículos de comunicação pessoal, as redes são seu principal canal institucional e o lugar de construção de sua imagem. Imagem que é a linguagem pela qual foi escrita a história oficial de seu governo e que vem sendo atualizada pelos seus milhões de seguidores, nas suas infundadas contestações da lisura do processo eleitoral e pedidos de intervenção militar.

Ao longo do seu governo, Bolsonaro foi um dos principais líderes mundiais nas redes e segue com presença marcante, carregada pelo engajamento da direita e por algumas dinâmicas características do populismo digital, como a mobilização contínua de antagonismos e de ameaças (ainda que inexistentes) do comunismo e da dissolução dos bons costumes.[22] E isso é resultado de um trabalho milimétrico e militante, labutado entre

agenciamento nas redes (em busca da Anna Karenina da era da mobilidade)", in Giselle Beiguelman e J. La Ferla (orgs.), *Nomadismos tecnológicos*, op. cit., pp. 247-70.
[22] Em março de 2021, Jair Bolsonaro figurava como o mais popular entre os líderes mundiais nas redes sociais, de acordo com dados do Índice de Popularidade Digital referente a Personalidades Políticas, disponível em: ipdquaest.com.br/app/ipd.php?ca_id=183. Sobre o populismo digital, ver Letícia Cesarino, *O mundo do avesso*. São Paulo: Ubu Editora, 2022, pp. 148-55.

teclados, câmeras e muitas, muitas lives, nas quais ganhou força um regime visual que faz toda a diferença nas regras do jogo político que o presidente Bolsonaro protagoniza. Durante a campanha presidencial de 2018, suas imagens atravessaram os mais diversos ambientes: de gabinetes a salas de estar, passando pela cozinha, a churrasqueira da casa, o caixa automático e até seu leito na UTI quando ele esteve hospitalizado.

Em conjunto, os registros da campanha constituem um legado ímpar de imagens precárias, por vezes fora de foco, feitas com câmeras mal posicionadas, iluminação descuidada e ângulos distorcidos. Nos vídeos, ao fundo, frequentemente apareciam, de um lado, uma menorá, o candelabro judaico que é também parte da liturgia evangélica, e, do outro, uma moringa de barro, símbolo tão singelo da cultura nacional. Sobre a mesa, objetos variados: papéis com anotações, notas fiscais, livros de e/ou sobre o político britânico Winston Churchill, tratados antimarxistas e celulares diversos. O importante era transmitir uma certa ideia de desarrumação geral, com cara de cenário improvisado, para naturalizar a cena e ganhar ares de informalidade e espontaneidade.

Retoma-se aí a estética amadora consolidada pela apropriação da linguagem do vídeo caseiro que explodiu com o YouTube e que surge como estratégia de aproximação do "mundo real". Essa estética pretende se contrapor ao imaginário tecnicamente perfeito do padrão de qualidade hollywoodiano (ou da Rede Globo), pela supressão de mediações. Como se a imagem produzida fosse um decalque do real, sem nenhuma interferência dos meios que a produzem e de quem os instrumentaliza. É nessa idealizada contraposição que reside a eficácia da estética amadora.[23]

Às vésperas do primeiro turno da eleição presidencial de 2018, o então candidato falou de casa com seus seguidores na avenida Paulista. Com sombra no rosto, contra a luz, em um vídeo gravado em pé no jardim, tentando ver as imagens que lhe mostravam em outro celular,[24] Bolsonaro levou seus eleitores ao delírio. Ao longo de toda a campanha eleitoral, diante das (próprias) câmeras, o candidato Bolsonaro ria, ficava sério, desafiava "a mídia", preparava o pão com leite condensado do seu café da manhã, ia ao açougue e fazia churrasco. Aparecia no barbeiro, posava com a filha, descansava no sofá e compartilhava mimos recebidos de seguidores anônimos. De camiseta esportiva, shorts, e mesmo de terno e gravata, já no posto de presidente, ele não fala com seu eleitor, ele o exprime. E, ao exprimi-lo, como mostrou o semiólogo Roland Barthes (1915–80) décadas atrás, transforma-o em um herói, convidando o eleitor a eleger-se a si próprio.[25]

Essa frequência vibratória não se desfez com a eleição. Pelo contrário. Da vitória no primeiro turno em diante, ela só cresceu. Em um dos seus picos de audiência, Bolsonaro quebrou todos os protocolos, postando a primeira foto oficial como presidente no seu perfil pessoal no Instagram. Seguiram a postagem mais de 1

---

[23] Sobre o tema das estéticas amadoras, ver Ilana Feldman Marzochi, *Jogos de cena: Ensaios sobre o documentário brasileiro contemporâneo*. Tese de doutoramento. São Paulo, Escola de Comunicação e Artes, Universidade de São Paulo, 2012; Felipe da Silva Polydoro e Bruno Simões Costa, "A apropriação da estética do amador no cinema e no telejornal". *Líbero*, n. 34, v. 17, dez. 2014, pp. 89–98.

[24] *Via transmissão de celular, Bolsonaro fala com população na Av. Paulista*, 2018, disponível em: youtu.be/H9wxneOnIOI .

[25] R. Barthes, "Fotogenia eleitoral", in *Mitologias*, op. cit., p. 173.

milhão de likes. Não que isso seja um acontecimento incomum. As respostas às postagens de Bolsonaro são sempre acompanhadas de vários milhares de likes e aplausos aos seus feitos.

Trata-se de um verdadeiro ritual mobilizatório, uma estratégia de comunicação intensa que mais parece uma campanha eleitoral sem-fim. Mesmo depois de a administração das redes do presidente e de seus ministros passar a ser subordinada à Secretaria Especial de Comunicação Social (Secom) da Presidência da República, deixando de veicular imagens da sua intimidade doméstica para incorporar o padrão da foto oficial, mas sem perder o elã motivacional, que fundamenta sua retórica visual.

É justamente esse elã motivacional que afasta sua retórica visual do midialivrismo. Apesar de o presidente ter creditado à época sua vitória à independência dos grandes conglomerados de comunicação,[26] uma prerrogativa de coletivos e redes como Jornalistas Livres e Mídia Ninja, sua visualidade amadora em nada dialoga com o midialivrismo. Nas práticas como a do Mídia Ninja, por exemplo, a tônica recai em um novo cinema insurgente, como chamou Ivana Bentes, e não em uma estética amadora. Prevalece aí uma "dramaturgia do grito", forjada no corpo a corpo com o presente, em que a câmera se torna parte "de um animal-cinético, que filma enquanto combate e foge". Uma câmera colada à respiração de quem produz a imagem de dentro dos acontecimentos, "em regime de urgência e precariedade".[27]

---

26 Na primeira entrevista coletiva depois da vitória no segundo turno, Jair Bolsonaro declarou: "Eu cheguei aqui graças às mídias sociais, e quem vai fazer a seleção de qual imprensa vai sobreviver ou não é a população". "Em coletiva, Bolsonaro fala sobre fusão de ministérios e Previdência", *Jornal Nacional*, disponível em: glo.bo/2SqWDHw.

27 Ivana Bentes, *Mídia-multidão: Estéticas da comunicação e biopolíticas*. Rio de Janeiro: Mauad X, 2015, pp. 22-23.

Foi Barthes quem primeiro definiu o campo de uma retórica das imagens em texto que data de 1964,[28] situando sua interpretação a partir do inventário de seus conotadores (o conjunto de associações que se acrescentam ao sentido original de uma palavra). Expande-se, com base nessa compreensão, o entendimento da retórica para além do discurso verbal, permitindo que se incorporem à análise "as convenções pelas quais [o discurso] é criado nos artefatos visuais e nos processos pelos quais influenciam os espectadores".[29] Nessa interpretação, as imagens transcendem o seu valor estético e funcionam como elementos simbólicos constitutivos de um sistema de comunicação, possibilitando que sejam pensadas no âmbito da experiência cultural e entendidas como constructo resultante de um trabalho coletivo.

"Como uma prática", escreveu o filósofo Arthur C. Danto (1924-2013), "a retórica tem a função de induzir o público a tomar determinada atitude em relação ao assunto de um discurso, isto é, de fazer com que as pessoas vejam a matéria sob determinado ângulo."[30] E esse ângulo, no caso do presidente, é estratégico. Sua retórica visual opera como um fator compensatório, que supre tudo aquilo que sua oratória não entrega. Não espanta que tenha se tornado um protagonista na torrente de memes e projeções nas fachadas de prédios de várias cidades que marcaram a pandemia do coronavírus no Brasil.

---

[28] Samuel Mateus, *Introdução à retórica no séc. XXI*. Covilhã: LabCom. IFP, 2018, p. 178; Roland Barthes, *O óbvio e o obtuso* [1982], trad. Léa Novaes. Rio de Janeiro: Nova Fronteira, 1990, p. 40.

[29] Sonja K. Foss, "Framing the Study of Visual Rhetoric: Toward a Transformation of Rhetorical Theory", in *Defining Visual Rhetorics*. London: Taylor & Francis e-Library, 2008, p. 303.

[30] Arthur C. Danto, *A transfiguração do lugar-comum*, trad. Vera Pereira. São Paulo: Cosac Naify, 2011, p. 25.

Imagem característica da internet, os memes são imagens feitas para serem compartilhadas. Irônicos, expressam uma cultura de consumo rápido, que adere a temas do momento. Os mais disseminados são os que trazem imagens acompanhadas de textos curtos em letras garrafais, tecnicamente chamados de *image-macro*.[31] Agregadores de linguagem, constituem o que Jacques Rancière chamou de "frase-imagem". Um formato em que o texto não funciona como complemento explicativo da imagem nem a imagem ilustra o texto, mas os dois elementos se encadeiam para produzir um terceiro sentido.[32]

O termo "meme" foi cunhado muito antes do advento da internet, pelo biólogo inglês Richard Dawkins, em *O gene egoísta* (1976).[33] Alguns dos atributos que ele associou aos memes, especialmente quanto à forma de propagação e ao poder de contestação, explicam a popularização do conceito. Mais citada que lida, na teoria de Dawkins o meme é uma unidade replicadora que se alastra por imitação, sempre sujeito à mutação e à mistura, e que funciona como resistência crítica. Isso porque nos dá o poder "de nos revoltarmos contra nossos criadores" e de "nos rebelar contra a tirania dos replicadores [os genes] egoístas".[34]

Foi nos anos 2000 que o termo ganhou força e a compreensão que temos dele na atualidade, explodindo nas redes

---

31 Para uma tipologia dos memes, ver Viktor Chagas, "'Não tenho nada a ver com isso': Cultura política, humor e intertextualidade nos memes das eleições 2014", in xxv *Encontro Anual da Compós*. Goiânia: Universidade Federal de Goiás, 2016, p. 18, nota 16.
32 Jacques Rancière, *O destino das imagens*, trad. Mônica Costa Netto. Rio de Janeiro: Contraponto, 2012, pp. 56-57.
33 Richard Dawkins, *O gene egoísta*, trad. Geraldo H. M. Florsheim. Belo Horizonte: Itatiaia; São Paulo: Edusp, 1979, pp. 215-18.
34 Ibid., p. 222.

sociais, pelo fluxo de compartilhamento, no Twitter, no Facebook e no Instagram. Nesse contexto, os memes expandiram-se, incluindo não só o mundo pop, como também o da publicidade e o da política, instituindo outra forma de comunicação visual, desvinculada do universo evolucionista de Dawkins. Para além das piadas com celebridades, torcidas de futebol, novelas e afins, os memes transformaram-se em uma espécie de comentário à queima-roupa de todos os acontecimentos cotidianos, constituindo um noticiário paralelo, baseado em imagens. Se antigamente valia o slogan: "Aconteceu, virou Manchete", associado à primeira revista homônima do grupo Bloch, hoje o correto seria dizer: "Aconteceu, virou meme".

Migrantes e fluidos, compostos dos resíduos que saem de uma mídia para a outra, da TV às interfaces das redes sociais, os memes são instâncias midiáticas de alta circulação que produzem o apagamento dos seus rastros nos processos de deslocamento e apropriação contínua. De baixa resolução, bastardos e sem assinatura, são imagens pobres, no sentido dado por Hito Steyerl à expressão,[35] que podem atuar como um contraponto aos sistemas de representação dominantes.

Contudo, na atualização das mesmas imagens que são utilizadas recorrentemente, muitas vezes por grupos antagônicos, com novas legendas, revela-se uma contração do repertório visual que é criado nas redes. Conjugada ao imediatismo, à concisão e à volatilidade dos memes, essa repetição expressa, também, a impossibilidade de discussão e reflexão que impera no modelo atual de redes sociais. Isso ganha maior relevância na

---

35 H. Steyerl, "In Defense of the Poor Image", op. cit., pp. 31-45.

medida em que os memes passam a ser um instrumento político e cada vez mais usado nas campanhas eleitorais.[36]

A eleição presidencial dos Estados Unidos de 2016 deu a medida desse impacto. A produção de memes esteve presente desde as primárias do Partido Democrata, em fevereiro de 2016, em apoio ao candidato de esquerda Bernie Sanders contra Hillary Clinton, e marcou a disputa entre Hillary e Trump até o final do pleito. Não por acaso, a eleição entrou para a história da internet como a Grande Guerra dos Memes de 2016.[37] No Brasil, foi ao longo do processo que culminou no impeachment da presidente Dilma Rousseff que o uso de memes tomou o debate político nacional e vem assumindo protagonismo cada vez maior.[38]

Os memes dominaram a arena política de tal forma que o presidente Michel Temer chegou a proibir, em maio de 2017, o uso de sua imagem fora de contextos jornalísticos e de divulgação de ações presidenciais. Notificações foram enviadas a alguns sites e páginas humorísticas. O efeito foi bombástico e reverso. Em vez de serem controlados, imediatamente multiplicaram-se os memes com a figura do presidente. Reportagens nacionais e internacionais[39] maximizaram os efeitos, culminando com o "troco" do Partido dos Trabalhadores (PT), que na época resolveu

---

36 Geert Lovink e Marc Tuters, "They Say We Can't Meme: Politics of Idea Compression", *Non.Copyriot*, 11 fev. 2018, disponível em: non.copyriot.com/they-say-we-cant-meme-politics-of-idea-compression.
37 Ibid.
38 Viktor Chagas et al., "Political Memes and the Politics of Memes: A Methodological Proposal for Content Analysis of Online Political Memes". *First Monday*, n. 2, v. 24, 4 fev. 2019.
39 Simon Romero, "Their Government in Chaos, Brazilians Fear the Joke Is on Them". *The New York Times*, 27 maio 2017, disponível em: nyti.ms/3pL4uMn.

liberar todas as suas fotos disponíveis no Flickr para esse fim. O veto foi uma tentativa de reagir à forma como as redes se pronunciaram a respeito da delação da empresa JBS, que implicava o presidente Temer na Operação Lava Jato. O governo recuou nessa tentativa de controle, mas, para além desse fato pontual, ficava claro que estávamos diante de um novo contexto, não só da história da política, como também das imagens.

Pesquisadores como a israelense Limor Shifman e, no Brasil, Viktor Chagas[40] destacam que os memes da internet são um gênero midiático que assume múltiplas formas, mas que são sempre marcados pelo humor, com potencial para subverter as mídias tradicionais, e que se desenvolvem em razão de sua dimensão social nas redes. Outros teóricos, como os holandeses Geert Lovink e Marc Tuters, chamam atenção para sua capacidade de quebrar os limites do politicamente correto, indo muito além do que as mídias de massa poderiam suportar. Nesse flanco, abrem espaço para uma nova geração de imagens de ódio que têm se tornado recorrentes nas redes sociais. Nelas, conteúdos racistas, antissemitas, anti-islâmicos e homofóbicos são comuns. Da direita à esquerda, os memes ganham importância e seu formato de frase-imagem contamina o espectro estético da política e interfere no debate contemporâneo.

Caso emblemático desse fenômeno ocorreu em janeiro de 2018, via post no Facebook feito pela deputada federal Cristiane Brasil. Indicada ao Ministério do Trabalho, Brasil decidiu gravar um vídeo no qual se defendia, a bordo de uma lancha, acompanhada de amigos marombados, em trajes de banho, visivelmente

---

[40] Viktor Chagas, *A cultura dos memes: Aspectos sociológicos e dimensões políticas de um fenômeno do mundo digital*. Salvador: Edufba, 2020; Limor Shifman, *Memes in Digital Culture*. Cambridge: MIT Press, 2013.

alcoolizados, da acusação de ter respondido a ações trabalhistas. O argumento, um tanto quanto nonsense para quem seria o titular da pasta do Trabalho, é que "todo mundo tem ações trabalhistas".[41] A explosão de memes que se seguiu à divulgação do vídeo acabou por abortar sua trajetória rumo à Esplanada dos Ministérios.

Um dos bordões mais conhecidos da internet para abrir o compartilhamento de um meme sobre o Brasil é: "Regras: não há regras". Se existia alguma dúvida sobre a precisão da frase, o vídeo a desfez para sempre. O *affair* Cristiane Brasil, no entanto, era só um prenúncio de outras séries inusitadas, como a batalha verbal entre os ministros do Supremo Tribunal Federal Gilmar Mendes e Luís Roberto Barroso,[42] que virou até um poema, com uma versão "interpretada" por Maria Bethânia ("Gilmar, pessoa horrível") e um funk ("MC Gilmar e MC Barroso").

Internacionalmente conhecido como um centro produtor e irradiador de memes,[43] o Brasil tornou-se, com o coronavírus, não apenas símbolo da pior política de gestão da pandemia, mas uma verdadeira Memeflix. Não seria imponderável pensar que quem contará a história da nossa "coronavida" são os memes. Difícil lembrar todas as surpresas que vivemos ao longo desse período. Da adaptação ao isolamento social às declarações do presidente Bolsonaro, os memes fizeram a crônica de todos os momentos

---

41 "Cristiane Brasil faz vídeo se defendendo de ações trabalhistas", Facebook, 29 jan. 2018, disponível em: facebook.com/radiobandeirantes/videos/1693301400726350.
42 "'Você é uma pessoa horrível', diz Barroso a Gilmar Mendes em sessão do STF", vejapontocom, 2018, disponível em: youtu.be/TSrU4gFfblE.
43 Viktor Chagas et al., "Political Memes and the Politics of Memes: A Methodological Proposal for Content Analysis of Online Political Memes", op. cit.

em uma espécie de jornalismo visual em tempo real. Nele, o cotidiano, os novos costumes e a intensidade dos reveses políticos do país foram registrados, acrescentando novas camadas à pandemia das imagens vivida a reboque do confinamento pandêmico.

NECROPOLÍTICAS DO CAOS

Apesar de sua centralidade para entender o contexto político brasileiro e as críticas ao governo Bolsonaro, os memes não abarcam os meandros mais dolorosos da política nacional. Para analisar as retóricas visuais que se contrapuseram aos enunciados bolsonaristas ao longo da pandemia do coronavírus no Brasil, retomo um modelo arqueológico, na trilha dos procedimentos de Didi-Huberman em *Cascas*.[44] Nessa obra, o autor parte de suas fotos do campo de concentração de Auschwitz, na Polônia, onde sua família foi executada em câmaras de gás, para escavar a dor e as histórias que as acompanham e fazer delas um "bem comum", um patrimônio transmissível e compartilhável, conforme assinala a Ilana Feldman, que o entrevistou para a edição brasileira dessa obra.[45]

Com essa abordagem, libera-se a imagem do peso da representação para sua interpretação como uma escritura[46] que enuncia o trauma do acontecimento vivido e do vazio herdado. Na base

---

[44] Georges Didi-Huberman, *Cascas*, trad. André Telles. São Paulo: Editora 34, 2017.
[45] Ibid., pp. 87-109.
[46] Para Derrida, a escritura ultrapassa os limites da inscrição literal e da fonética, designando um sistema de notação que descreve os conteúdos das atividades com que se relaciona, podendo-se, por isso, pensar em uma escritura cinematográfica, coreográfica, pictórica, musical, escultórica, atlética, militar, política e matemática. Jacques Derrida,

dessa reflexão, renuncia-se a qualquer suposição sobre a imagem como acessório ilustrativo ou adendo a uma informação prévia, o que necessariamente a reduz ao papel de suplemento, no primeiro caso, ou de complemento, no segundo. Como aprendemos com o filósofo Jacques Derrida (1930-2004), "o suplemento supre". Ele é, portanto, um "substituto" que "não se acrescenta simplesmente à positividade de uma presença, não produz nenhum relevo, seu lugar é assinalado na estrutura pela marca de um vazio".[47]

Na mesma direção, também a relação de complementaridade esvazia a potência de leitura da imagem, e poucos artistas foram tão certeiros nessa discussão como René Magritte (1898-1967). Em *A traição das imagens* (1929), o artista justapõe à pintura de um cachimbo a frase "Isto não é um cachimbo". Ironizava, assim, qualquer tentativa de submeter o desenho a uma legenda que completaria a lacuna (inexistente) de sentido. Foucault resumiu a tática de Magritte: "Não busquem no alto um cachimbo verdadeiro; mas o desenho que está lá sobre o quadro, bem firme e rigorosamente traçado, é este desenho que deve ser tomado por uma verdade manifesta".[48]

Isso não quer dizer que as imagens falam por si, o que nos levaria a inverter a falácia da hierarquia entre texto e imagem, dando à imagem uma nova posição de subjugo do texto. Entendê-las, no campo de uma retórica visual, é dar-lhes sentido relacional, mapeando seus enunciados no âmbito dos discursos sociais em que produzem sentido, em interlocução com outras

Gramatologia, trad. Miriam Chnaiderman e Renato Janine Ribeiro. São Paulo: Perspectiva, 1973, pp. 10-12.
47 Ibid., p. 178.
48 Michel Foucault, *Isto não é um cachimbo*, trad. Jorge Coli. Rio de Janeiro: Paz e Terra, 1988, p. 13.

imagens e com outras escrituras. Nesse quadro, a lembrança da obra *Cascas*, em que Didi-Huberman revisita o Holocausto, como base metodológica para a decodificação das imagens da pandemia do coronavírus no Brasil não é fortuita.

Entre tantas imagens produzidas pelo fotojornalismo sobre esse acontecimento, parece-me que as das valas escavadas mecanicamente em cemitérios constituem o discurso mais potente sobre o genocídio do qual fomos testemunhas. Afinal, o que melhor corresponderia à brutalidade social a que esses corpos foram submetidos do que a imagem de um enterro massivo, mediado por uma escavadeira,[49] procedendo à demolição final de seu futuro, como se fosse o aterramento de resíduos descartáveis?

Na padronização das sepulturas, rigidamente organizadas, instaura-se mais que uma tradução visual da escala quantitativa das mortes. Essas sepulturas têm, é evidente, classe definida. O chão de terra, as covas rasas, os caixões sem verniz ou adorno reúnem índices básicos da inserção social das centenas de corpos que não aparecem nas fotos. E é justamente na sua invisibilidade que reside a força enunciativa dessas imagens. É o ocultamento que revela as dinâmicas de exclusão e violência a que esses mesmos corpos são submetidos diariamente.

"Olhai por nóis", dizia uma pichação feita em 2018 na fachada da capela do Pátio do Colégio, no centro de São Paulo, pelo Coletivo MIA.[50] Lugar mitificado, onde a origem jesuíta da capital do

---

[49] Para uma análise comparativa dos aspectos simbólicos das escavadeiras nas imagens da Covid-19 na China e no Brasil, ver Esther Imperio Hamburger, "War of Images and Messages". *Harvard Review of Latin America*, 17 fev. 2021, disponível em: revista.drclas.harvard.edu/war-of-images-and-messages.

[50] Martin Jayo, "Olhai por nóis: Uma falsificação arquitetônica se reveste de verdade". *Vitruvius*, abr. 2018, disponível em: vitruvius.com.

"estado bandeirante" foi forjada, tornou-se com a degradação da área central um abrigo a céu aberto dos desabrigados da cidade, que há muito lhes voltou as costas. Olhai por nós dizem também os corpos que foram enterrados em mutirões, revelando a dimensão trágica de sua existência. Sem acesso aos serviços de saúde, vivendo em moradias que na sua arquitetura traem a primeira regra de contenção do contágio (o distanciamento dos corpos), e sem poder participar da esfera protegida pelo teletrabalho.

Nada mais cruel que a demanda de uma escavadeira para dar conta da produção política do seu extermínio. Covas pequenas para corpos frágeis de trabalhadores e de desempregados que não cabem na idealização atlética dos sujeitos "purificados" pela eugenia do Estado. Seria essa imagem dos cemitérios a do contraponto, feito pelo presidente Bolsonaro, entre o atleta e os corpos que adoecem? [51]

A declaração sobre seu perfil atlético, que o imunizaria naturalmente do coronavírus, foi feita por Bolsonaro em uma entrevista à Rede TV. Foi uma na série de ultrajes ao luto e à contundência da pandemia no Brasil, onde morrer se tornou parte do novo normal. Afinal, como disse o presidente em maio de 2020, "todos nós vamos morrer um dia".[52] Confrontando os seus princípios, o pensador indígena Ailton Krenak respondeu: "Morrer é normal. Tem que ficar escandalizado é com a indife-

br/revistas/read/minhacidade/18.213/6945.
[51] "Bolsonaro sobre covid-19: 'Não vou sentir nada, fui atleta e levei facada'". *Exame*, 30 mar. 2020, disponível em: exame.com/brasil/bolsonaro-sobre-covid-19-nao-vou-sentir-nada-fui-atleta-e-levei-facada/.
[52] "'Todos nós vamos morrer um dia': Veja falas de Bolsonaro sobre o coronavírus", UOL, 2020, disponível em: youtu.be/oegOQ_IakoU.

rença".⁵³ É essa indiferença que aparece nos corpos que não figuram nas fotos dos cemitérios populares brasileiros e que rodaram o mundo, replicadas em jornais e sites diversos.

Corpos abandonados a sua própria sorte, colocando a nu toda a morbidez da necropolítica tropical. Pois que política é essa que está em curso, senão aquela conceituada pelo filósofo camaronês Achille Mbembe como uma política que escolhe seus corpos matáveis? Corpos segregados e racializados no discurso de Mbembe que se expandem, no Brasil, em direção a uma população que inclui, além dos negros, os mais pobres, as mulheres, os imigrantes, os indígenas.⁵⁴ Pesquisas o confirmam. De acordo com dados do Observatório da Covid e da Prefeitura de São Paulo, pretos e pardos eram os que tinham, respectivamente, 62% e 23% de chance a mais de morrer e se concentravam nos bairros mais pobres da cidade.⁵⁵

JANELAS DO CAPITALOCENO, VISÕES DO CHTHULUCENO

No projeto *Necropoli[s]tics* (2020-1), o fotógrafo Leonardo Finotti e a arquiteta Michelle Jean de Castro concentraram-se

---

53 Ailton Krenak, *Metrópolis*, 26 ago. 2020, disponível em: youtu.be/GZEWB6hWNM8.
54 Achille Mbembe, *Necropolítica: Biopoder, soberania, estado de exceção, política da morte*, trad. Renata Santini. São Paulo: n-1 edições, 2018; Peter Pál Pelbart, *Necropolítica tropical: Fragmentos de um pesadelo em curso*. São Paulo: n-1 edições, 2018.
55 Carolina Dantas, "Pretos têm 62% mais chance de morrer por Covid-19 em São Paulo do que brancos", *G1*, 28 abr. 2020, disponível em: glo.bo/3w5LPNI.

nessa dimensão necropolítica da tragédia brasileira. Impactados pelas fotos das covas rasas abertas em 2 de abril de 2020, no cemitério da Vila Formosa, em São Paulo, passaram a fotografar regularmente, com drones, o movimento fúnebre local. É digno de nota que esse é o maior cemitério da América Latina e que ali foram abertas 8 mil covas rasas para receber as vítimas da Covid-19 da cidade. Um ano depois, foi necessário que a prefeitura contratasse trinta sepultadores e ordenasse um plano de exumação, para dar conta do fluxo de falecimentos na capital paulista. O mesmo enredo mórbido se repetiu no segundo maior cemitério paulistano, o da Vila Nova Cachoeirinha.[56]

O congestionamento dos mortos nas filas dos caixões a serem sepultados e nas câmaras frigoríficas onde ficam armazenados transformou rapidamente o espaço da necrópole e sua relação com a cidade. Os registros de Finotti e Castro, que somam mais de seiscentas imagens, ao longo de um ano, permitem visualizar o desaparecimento da vegetação, que cede lugar aos recorrentes enterros, criando uma escala do imponderável: a da medida do terreno vazio preenchido pela morte. Quando trabalhadas em conjunto, em uma imagem única que procura traduzir o mapeamento feito, o que se vê é a extensão do cemitério na mancha urbana.

Desse ponto de vista, não é certamente seu gigantismo o que impressiona, mas a dilatação da necropolítica sobre a vida, a eficiência do genocídio que se alimenta da fermentação de

---

[56] Leonardo Finotti, *Necropoli[s]tics*, Bergamin & Gomide, 2021, disponível em: bergamingomide.com.br/exposicao/necropolistics; Lívia Machado e Rodrigo Rodrigues, "Segundo maior cemitério de São Paulo suspende enterros por falta de vagas, dizem funcionários", *G1*, 30 mar. 2021, disponível em: glo.bo/3x7GS7e.

um "Estado suicidário". Esse Estado, conforme mostrou Virilio, depende de um regime de mobilização permanente e foi engendrado pelo nazismo, encontrando sua sistematização no último telegrama de Adolf Hitler (o Telegrama 71), no qual, diante da iminência da derrota militar, ele escreveu: "Se a guerra está perdida, que a nação pereça". No delírio da purificação da raça ariana, consumava-se a lógica mortífera de um regime de governo que se volta contra os próprios governados para, no extermínio coletivo, realizar-se pela morte planetária.[57]

O filósofo Vladimir Safatle tomou esse texto de 1976, no qual Virilio discute como o Terceiro Reich institui a desrazão como "seu objetivo de ordem e o próprio produto da organização",[58] para destrinchar a arquitetura genocida da política do governo Bolsonaro durante a pandemia. Ela ultrapassa a "necropolítica do Estado como gestor da morte e do desaparecimento", assinala Safatle. Por ser "o ator contínuo de sua própria catástrofe, ele é o cultivador de sua própria explosão, estabelecendo o flerte contínuo e arriscado com sua própria destruição".[59]

Importante notar que nesse estágio avançado da gestão do extermínio, os corpos matáveis são invisibilizados por uma nova biopolítica que se apoia em sistemas de *dataveillance* (vigilância dos dados) para traçar a linha entre quem é computável e tem direito à vida e quem não é. Sua eficiência depende da convergência entre rastreabilidade e identidade, confluindo, em situações extremas, como a do coronavírus, para outra hie-

---

57 Paul Virilio, *La inseguridad del territorio*, trad. Thierry Jean-Eric Iplicjian e Jorge Manuel Casas. Buenos Aires: La Marca, 2000, p. 32.
58 Ibid., p. 31.
59 Vladimir Safatle, "Bem-vindo ao estado suicidário", *Pandemia crítica*. São Paulo: n-1 edições, 2020, disponível em: n-1edicoes.org/textos/23.

rarquia social entre os corpos imóveis e os móveis, entre quem é visível e quem é invisível perante o Estado e pelos algoritmos corporativos.

São os que podem parar, ficar em casa, circular nos espaços de consumo em horários predeterminados, os imóveis, os que podem e são rastreáveis e, portanto, curáveis. No contexto "laboratorial" que a "coronavida" impôs, no qual a cumplicidade com o monitoramento é também uma prerrogativa de sobrevivência, o não rastreado é aquele que o Estado já havia esquecido.

Na espiral da "coronavigilância", o sujeito móvel tornou-se aquele invisível visível que nossa violência social teima em não enxergar. Afinal, foram os dados coletados dos corpos rastreáveis que, combinados às estatísticas dos sistemas públicos de saúde, gerenciaram os movimentos da pandemia. Eles alimentaram desde as plataformas de monitoramento do poder público[60] a aplicativos como o Private Kit: Safe Paths, desenvolvido no MIT Media Lab, e o israelense HaMagen, entre vários outros.[61]

Tudo aconteceu como se estivéssemos vivendo no filme *Batman – O Cavaleiro das Trevas* (2008), no qual aparecia um painel de controle que monitorava Gotham City inteira a partir

---

[60] De acordo com informação da página do governo do estado, o "SIMI-SP (Sistema de Monitoramento Inteligente de São Paulo) é viabilizado por meio de acordo com as operadoras de telefonia Vivo, Claro, Oi e TIM, através da ABR (Associação Brasileira de Recursos em Telecomunicações) e do IPT (Instituto de Pesquisas Tecnológicas), para que o estado possa consultar informações agregadas e anônimas sobre deslocamento nos municípios paulistas mapeados". "Adesão ao Isolamento Social em SP", Governo do Estado de São Paulo, disponível em: saopaulo.sp.gov.br/coronavirus/isolamento/.

[61] "Covid19 Tracker Apps", FSociety, 2020, disponível em: fsoc131y.com/covid19-tracker-apps/.

dos sinais de celulares de seus habitantes. Os aparelhos funcionavam como microssonares e a emissão de seus sinais permitia inferir uma quantidade tão monstruosa de registros que o sistema de controle devolvia, como resultado do rastreamento, imagens 3D da paisagem e dos habitantes de Gotham. A tecnologia "testada" no *Cavaleiro das Trevas* não está ainda disponível no nosso cotidiano, mas a pandemia do coronavírus mostrou que estamos próximos dessa possibilidade.

Ou será que é possível abstrair que empresas privadas de tecnologia, do porte da Apple e do Google, passaram a investir, nesse período, em sistemas de rastreamento de contato (*contact-tracing*), orientados para alertar os usuários da possível aproximação de uma pessoa contaminada pelo coronavírus? E antes que se diga que se tratava de operação voltada "apenas" a quem possuía os celulares com o sistema operacional dessas empresas, vale lembrar que estamos falando de 3 bilhões de pessoas, ou seja, um universo de usuários de mais de um terço da população mundial.[62]

É importante ter em mente que os registros feitos pelos aplicativos utilizados por vários governos, e também distribuídos de forma independente na internet, podem capturar muito mais dados que o deslocamento no espaço. Podem registrar a temperatura, a pressão e a velocidade do andar, o que nos leva a uma forma de vigilância que é, como destacou o historiador israelense Yuval Harari, subcutânea.[63]

---

[62] Mark Gurman, "Apple, Google Bring Covid-19 Contact-Tracing to 3 Billion People". *Bloomberg*, 10 abr. 2020, disponível em: bloomberg.com/news/articles/2020-04-10/apple-google-bring-covid-19-contact-tracing-to-3-billion-people.

[63] Yuval Noah Harari, "The World After Coronavirus". *Financial Times*, 20 mar. 2020, disponível em: ft.com/content/19d90308-6858-11ea-a3c9-1fe6fedcca75.

E é esse aspecto indolor e invisível que garante à vigilância algorítmica passar despercebida, como se não existisse. Nada mais coerente com as formas de violência do capitalismo fofinho de nossa época. Desde meados dos anos 1990 são formuladas definições de diferentes matizes ideológicos sobre o capitalismo. Capitalismo informacional (Manuel Castells), capitalismo cognitivo (Michael Hardt e Antonio Negri), capitalismo criativo (Bill Gates) são algumas delas. A essas definições acrescento uma: capitalismo fofinho, um regime que celebra, por meio de ícones gordinhos e arredondados, um mundo cor-de-rosa e azul-celeste, que se expressa a partir de onomatopeias, likes e corações, propondo a visão de um mundo em que nada machuca e todos são amigos.

É isso que faz da vigilância, no contexto de digitalização da cultura em que vivemos, uma prática não necessariamente coercitiva. Ela pode operar, e de fato opera, de forma naturalizada, pela necessidade de se fazer parte do todo, de ser visível, e também de forma compulsória, pela necessidade de ser socialmente computável. Você pode optar por integrar-se, ou não, às redes sociais (ainda que isso implique a sua invisibilidade). Mas essa opção é mais difícil quando se trata de uma pandemia do porte da do coronavírus, em que o compartilhamento dos dados poderia significar a proteção da sua saúde.

Esse formato emergente de vigilância ocorre no âmbito de novas práticas de violência social. Uma violência algorítmica que expande o cálculo das vítimas do coronavírus. Ela não suprime a violência que se volta às vítimas da necropolítica (os mais pobres, as mulheres, os negros, os imigrantes, os indígenas). No entanto, cria também novas formas de brutalidade, dilacerando ainda mais as relações de trabalho pela normalização do precário.

Reverte-se, nesse quadro, uma direção do processo de globalização, indicada pelos sociólogos Manuel Castells e Saskia Sassen em mais de uma oportunidade, que definia uma geografia pautada pela dinâmica de dispersão (das atividades econômicas) e de centralização territorial do seu gerenciamento.[64] Isso conflui para um desenho do espaço em que os centros (ou nós) de poder se articulam diretamente a sua capacidade de dominar o fluxo, de modo que podíamos dizer que na contemporaneidade o excluído é o imóvel.

Digo podíamos porque o coronavírus inverteu bruscamente essa equação. Na "coronavida", o imóvel era o socialmente privilegiado. Muito embora as aglomerações tenham sido dignas de nota midiática, são as fotos das cidades desertas as que se associam imediatamente à Covid-19. Elas ecoam as retóricas visuais da estetização do Antropoceno criticadas por Demos que espetacularizam o horror, testemunhando a tragédia a uma distância mediada pelo privilégio da segurança.[65] Contudo, um dos elementos-chave para entender a dinâmica da pandemia é o deslocamento das pessoas pela cidade, e não o isolamento social.

Combinando dados de mobilidade urbana com perfil social dos passageiros nos transportes públicos e os dados do Departamento de Informática do SUS (Datasus), uma pesquisa do Laboratório Espaço Público e Direito à Cidade (LabCidade), da Faculdade de Arquitetura e Urbanismo da Universidade de São Paulo, mostrou que "há uma forte associação entre os

---

[64] Manuel Castells, *A sociedade em rede* [1996], trad. Roneide Venancio Majer. São Paulo: Paz & Terra, 1999, pp. 403-52; Saskia Sassen, "Locating Cities on Global Circuits". *Environment and Urbanization*, n. 1, v. 14, abr. 2002, pp. 13-30.
[65] T. J. Demos, *Beyond the World's End: Arts of Living at the Crossing*, op. cit., p. 35.

locais que mais concentraram as origens das viagens com as manchas de concentração do local de residência de pessoas hospitalizadas com Covid-19".⁶⁶ Fica claro nessa dinâmica como a pandemia do coronavírus migrou de um "vírus da geopolítica", que se espalhou a partir das viagens de avião de um setor de negócios específico, para se converter em um "vírus da geografia do caos".⁶⁷

Atento aos desdobramentos dessa relação entre trabalho e mobilidade na paisagem urbana, na série *Aprisionados* (2021), o foco do fotógrafo Marcos Piffer são os trabalhadores da praia, documentados a partir de seu principal instrumento: os carrinhos que vendem bebidas na Baixada Santista (SP). Há alguns anos ele vem registrando a praia, território geralmente associado à inegável beleza natural brasileira, mas olhando-o pelo seu avesso. Como lugar por onde escoam as mazelas de nossa desigualdade econômica e a inequidade do acesso à infraestrutura urbana.

Piffer costuma fotografar nos horários em que a praia está vazia, muito cedo pela manhã ou no fim da tarde, a fim de encontrar os resíduos antes da passagem da limpeza pública, que, na orla, ocorre diariamente. Entre 2018 e 2020, ele produziu centenas de imagens que mostram apenas brinquedos que foram perdidos ou atirados ao mar, na falta de serviços públicos de limpeza, pelos moradores das favelas da cidade de Santos. São bonecas

---

66 Raquel Rolnik, Paula Santoro, Aluizio Marino, Gisele Brito, Pedro Mendonça e Danielle Klintowitz, "Circulação para trabalho explica concentração de casos de Covid-19", LabCidade, 30 jun. 2020, disponível em: labcidade.fau.usp.br/circulacao-para-trabalho-inclusive-servicos-essenciais-explica-concentracao-de-casos-de-covid-19/.

67 Denis Castilho, "Um vírus com DNA da globalização: O espectro da perversidade". *Espaço e Economia*, n. 17, 6 abr. 2020.

rotas, bolas murchas e velhas, carrinhos em frangalhos, reunidas na série *Perdidos da infância*.

Seriam essas marcas decorrentes apenas da ação do mar? Ou será que trazem na sua falta de pedaços as marcas dos ciclos de convívio na estrutura escravagista do país? Afinal, não me parece uma hipótese improvável pensar que muitos desses brinquedos sejam de filhos e filhas das empregadas domésticas que trabalham nas residências de classe média da orla santista e que, numa perversão da cadeia social em que se inserem, voltam com a maré para seu endereço de origem.

A partir das normas de distanciamento social instauradas em virtude do coronavírus, essa paisagem desolada se tornou mais contundente. Com o controle dos horários de acesso à praia, que chegaram a fechar em abril de 2021, os dejetos ficaram muito mais visíveis, mas outra questão social veio à tona: a situação dos trabalhadores da praia. É nesse contexto que foi feita a série *Aprisionados*. Ela foi iniciada no verão, durante os meses de férias, quando os horários de uso da praia levavam os carrinhos de bebidas a abrir mais tarde e fechar mais cedo, transformando a visão dos seus equipamentos embalados na areia em cena corriqueira. Posteriormente, com o *lockdown* da fase emergencial, evoluiu para o registro dos carros guardados em estacionamentos, por vezes improvisados, ao longo da orla.

Há algo de claustrofóbico e antinômico nesse conjunto de imagens. A fragilidade dos arranjos, em que se veem guarda--sóis e cadeiras de praia dobrados e meticulosamente empilhados, como que amordaçados sob o plástico azul que os protege, contrasta com o eufórico desdém do poder público e a rigidez do cimento onde estacionam e parecem brigar continuamente.

Tudo o que o Capitaloceno traz de mais sombrio parece se impor nessa visão insólita.

Se há algo em comum entre as séries *Aprisionados*, de Marcos Piffer, e *Necropoli[s]tics*, de Leonardo Finotti e Michelle Jean de Castro, tão distintas dos pontos de vista da paisagem retratada e dos seus procedimentos técnicos, são os modos pelos quais se alinham com o repertório crítico que T. J. Demos enuncia. Não se trata, portanto, de fotos que estetizam a tragédia, buscando compensar tecnicamente o flagelo da pandemia pela construção de visões arrebatadoras do caos. Trata-se, ao contrário, de no meio do vazio fazer a presença da morte e da interrupção da vida falar.[68]

Reverberando essa questão, testemunhamos, durante o isolamento social, a necessidade de reinvenção do ativismo para formular estratégias de confronto com a desumanidade da gestão política da crise sanitária. Afinal, como dar conta da demanda de protesto sem ocupar o espaço, o que em última instância seria corroborar a indiferença do governo federal?

É nessa chave que se pode entender como o isolamento social deu vazão a novas estéticas de protesto, em um movimento de ocupação das fachadas e janelas. Por todo o país, em diferentes cidades, os janelaços se espalharam e transformaram o espaço público em uma performance coletiva e anônima. Nele se cruzaram o "rufar das panelas", os corais improvisados e as projeções em grande escala. Insisto nessa nomenclatura, janelaço, em detrimento de panelaço, para marcar uma linha divisória com o tipo de protesto que marcou o processo de impeachment da presidente Dilma. Afinal, naquele momento, protestar pelas janelas era uma opção de quem decidiu não ir às ruas. No contexto do coronavírus, no entanto, protestar pela janela tornou-se a única via possível.

[68] Paul Virilio, *El procedimiento silencio*, trad. Jorge Fondebrider. Buenos Aires: Paidós, 2002, p. 79.

E de fato, por todo país, em diferentes cidades, as janelas foram tomadas, reconfigurando o espaço público, esvaziado pelo isolamento, a partir de uma performance coletiva e anônima.[69]

As insatisfações subiram, literalmente, pelas paredes, e a empena, mobilizada pela rede Projetemos, foi convertida na nova ágora dos tempos da "coronavida". Não se trata de uma versão atualizada de *Janela indiscreta* (1954), em que o protagonista, imobilizado em uma cadeira de rodas, decifra o seu entorno pela janela mediada pelas lentes da câmera. Se no filme de Alfred Hitchcock (1899-1980) o movimento era de introjeção (a realidade entrava pela janela, através da câmera), o que aconteceu no contexto pandêmico foi o oposto. A lente do projetor extravasou o que estava dentro para fora, catapultando o desejo de mudança e a revolta.

Ao reinventar os edifícios como arena compartilhada da cidade, essas projeções mobilizam outras políticas da imagem, dialogando com o "espectador emancipado" sobre o qual discorreu Jacques Rancière.[70] Distante dos clichês sobre a dominação das mídias, Rancière destaca o espetáculo artístico como agente de transformação. Mesmo que recebido de forma passiva, o espetáculo tem capacidade de fazer pensar. Demanda, por isso, o trabalho de síntese do público, o que está na base de fomentar nossa capacidade de formular ideias e, portanto,

---

[69] Apesar das grandes manifestações de rua em várias cidades brasileiras, ocorridas a partir de 29 de maio de 2021, que ecoavam os protestos de abril do mesmo ano na Colômbia ("*Si un pueblo marcha en medio de una pandemia, es porque su gobierno es mas peligroso que el vírus*"), chama-se atenção aqui para as novas linguagens ativistas que emergiram no contexto pandêmico.
[70] Jacques Rancière, *O espectador emancipado*, trad. Ivone C. Benedetti. São Paulo: WMF Martins Fontes, 2012.

de colocar em pauta a reprogramação da comunicação para a mudança cultural.[71]

Esse ativismo político pela projeção urbana, como já comentamos anteriormente neste livro, não é novo. Contudo, a tomada das empenas no contexto brasileiro do coronavírus é radicalmente distinta. Profundamente marcada pela ação da rede Projetemos, que se formou no início da pandemia, e de artistas como Alexis Anastasiou, envolveu ações simultâneas em várias cidades, feitas por criadores de diferentes gerações. Não é, no entanto, apenas o raio da ação dessas projeções o que sobressai, mas a dimensão política que as intervenções assumiram no confinamento, com chamadas críticas à atuação inconsequente do governo federal, e também orientadas para o bem-estar social e para a importância de cuidar do outro.[72]

Nesse modo de ação distribuído, delineia-se outro caminho para pensar as nossas relações com as imagens e com o coletivo, de formas menos cativas e capturadas, e mais próximas do Chthuluceno imaginado pela bióloga e filósofa da ciência Donna Haraway. Isso pressupõe, como ela afirma, "unir forças para reconstituir refúgios, para tornar possível uma parcial e robusta recuperação e recomposição biológica-cultural-po-

---

[71] Sobre reprogramação dos meios de comunicação e mudança cultural, ver Manuel Castells, *Communication Power*. Oxford: Oxford University Press, 2009, pp. 302–03.

[72] Para uma discussão das características particulares das projeções no contexto do isolamento social, ver Luciana Moherdaui, "Telas urbanas: Do néon às projeções efêmeras". *Galáxia – Revista do Programa de Pós-graduação em Comunicação e Semiótica*, n. 45, 7 out. 2020.

lítica-tecnológica".⁷³ Essa postura não tem nada de modesta. É assumidamente tentacular desde a sua nomeação (Chthuluceno), que toma como metáfora a aranha *Pimoa cthulhu* e tem como referência espécies "capazes de viver ao longo das linhas e não nos pontos". Ao fomentar narrativas que habitam "tecidos porosos" e procuram manter "as bordas abertas", acredito que essa via pode sugerir formas de "viver e morrer melhor",⁷⁴ sem ceder ao fatalismo das imagens opacas que nos olham pelos nossos olhos, nas ruas e nas redes.

As eleições de 2018 e de 2022 e o intenso uso feito desde então das redes sociais na gestão do país – entre lives, fake news e o ataque golpista feito uma semana depois da posse de Lula, em 8 de janeiro de 2023, na Praça dos Três Poderes, em Brasília – são um chamado para repensar a cultura digital e outras formas de ocupação do espaço informacional. Essa questão foi central nas primeiras décadas da internet, quando a relação de tensão entre indústria de bens de consumo e criação artística não só foi maximizada, como se transformou no seu horizonte de ação, essencialmente ativista.⁷⁵

Toda essa efervescência acontecia simultaneamente a um crescimento comercial vertiginoso e que desembocou no

---

73 Donna Haraway, "Antropoceno, Capitaloceno, Plantationoceno, Chthuluceno: Fazendo parentes". *ClimaCom Cultura Científica*, n. 5, abr. 2016.

74 Id., *Staying with the Trouble: Making Kin in the Chthulucene*. Durham: Duke University Press, 2016, pp. 32-33.

75 Sobre o tema do ativismo on-line no início da internet, ver Tilman Baumgärtel, "Arte en la red y net art", in *Netescopio: Desmontajes* (catálogo). Badajoz: Meiac (Museo Extremeño e Iberoamericano de Arte Contemporáneo), 2009, pp. 5-14; e Alexander R. Galloway, *Protocol: How Control Exists After Decentralization*. Cambridge: MIT Press, 2006, pp. 145-238.

famoso estouro da bolha da internet, cujo auge foi o ano 2000, seguida pela emergência da web 2.0 e a aurora das redes sociais. Na ordem do capitalismo em nuvem que se instaura nesses processos, a internet passa a funcionar como um espaço dominado por algumas poucas corporações, pelos pedágios dos logins nas principais lojas de aplicativos e a navegação nas bolhas individualizadas das grandes redes sociais. Não seria por isso exagerado dizer que a primeira vítima da web 2.0 e seu regime de cidadelas fortificadas é o link e o que a cultura das conexões desautorizadas promove. Tudo passa por um cadastro e um login. Não se pode, por exemplo, seguir uma discussão no Twitter sem fazer parte dessa sociedade corporativa.[76]

O *brand* transforma-se em conteúdo e as relações passam a ser modeladas pelo imaginário das marcas, o novo "alfabeto" das nossas identidades: "Você é uma pessoa Mac ou uma pessoa PC? Quem você está vestindo? O que tem na sua lista do Netflix? Quantos seguidores você tem?".[77] Afinadas com esse processo de "brandificafação" da vida, as ideias de nomadismo e mobilidade aparecem embutidas em slogans de operadoras de telefonia, como "Viver sem fronteiras" (da Tim), "Compartilhe cada momento" (da Claro) e "Conectados vivemos muito melhor" (da Vivo).

Apropriadas pelo discurso publicitário, que transformam palavras de ordem da contracultura em slogans de suas "causas",

---

[76] Para uma discussão sobre as transformações da cultura das redes depois do advento da web 2.0, ver Martin Warnke, "Databases as Citadels in the Web 2.0", in Geert Lovink e Miriam Rasch (orgs.), *Unlike Us Reader – Social Media Monopolies and Their Alternatives*. Amsterdam: Institute of Network Cultures, 2013, pp. 76-88.

[77] Douglas Rushkoff, *Life Inc: How Corporatism Conquered the World, and How We Can Take It Back*. New York: Random House, 2009, p. 118.

as ideias de nomadismo e mobilidade são esvaziadas do sentido que possuíam no campo do pensamento libertário contemporâneo, associadas a formas de resistência ao poder corporativo e do Estado.[78] Basta ler as tradicionais apresentações "About Us" (Sobre Nós), do YouTube, Facebook etc., para constatar essa ocupação simbólica.

Repetem-se, como mantras, cada uma com seus acordes próprios, as ideias de uma comunidade para todos, o espaço aberto, a cultura grátis, o compromisso com o compartilhamento e a conexão entre as pessoas. Mas que tipo de esfera pública podemos de fato discutir a partir de espaços de confinamento subjetivo e sensorial tão evidentes? E se essas apropriações têm, como discutimos ao longo deste livro, sua fundação assentada na dominação das imagens que produzimos e nas que são produzidas algoritmicamente sem que saibamos ou vejamos, a discussão passa necessariamente por outra ética das imagens e das redes.

Isso implica, no ponto de partida, a recusa da noção de virtualidade como uma dimensão à parte do real, uma espécie de "universo paralelo" que responderia a uma lógica própria. Politizar a discussão sobre os dados é hoje estratégico e os meandros das eleições de Bolsonaro e Donald Trump, nos Estados Unidos, bem como os seus legados, são exemplos quase autoexplicativos dessa urgência. Mas esse reconhecimento implica também

---

[78] Para uma reflexão sobre a "batalha de linguagens" correlata à emergência da web 2.0, ver Tatiana Bazichelli, "A Reflexion on the Activist Strategies in the Web 2.0 Era. Towards a New Language Criticism". *Vector b*, n. 22, jan. 2009. Disponível em: virose.pt/vector/b_22/bazzichelli.html. Sobre a potência transgressiva do nômade, ver Gilles Deleuze e Félix Guattari, *Mil platôs – Capitalismo e esquizofrenia* [1980], trad. Peter Pál Pelbart e Janice Caiafa, v. 5. São Paulo: Editora 34, 2005.

a consciência das materialidades das redes, não só do ponto de vista da sua infraestrutura física, como dos seus fluxos.

Um estudo sobre o impacto ambiental do uso da internet indica que a pegada terrestre do seu uso mundial é de aproximadamente 3 400 quilômetros quadrados, ou o tamanho combinado da Cidade do México, do Rio de Janeiro e de Nova York. Com foco na pandemia do coronavírus, o mesmo estudo mostrou que o substancial aumento do consumo de serviços de streaming e videoconferências faria a pegada de carbono global chegar até 34,3 milhões de toneladas de CO_2, caso o trabalho remoto prosseguisse até o final de 2021. "Esse aumento das emissões de carbono exigiria uma floresta com o dobro do tamanho de Portugal para compensar totalmente todo o CO_2 emitido." No que diz respeito à pegada hídrica associada a esse consumo, ele "é suficiente para preencher 317 200 piscinas olímpicas e a pegada terrestre é aproximadamente do tamanho de Los Angeles".[79]

Um dos nós górdios do custo ambiental da internet são as imagens, e não por acaso foram serviços como Netflix e Zoom os que impactaram tão contundentemente a pegada de carbono global na Covid-19. Para além do marketing do capitalismo verde das empresas de tecnologia, de certo otimismo neoliberal com a redução que o teletrabalho traz às emissões de carbono pela diminuição de viagens, e da inocência que a iconografia das nuvens traz à computação, estamos diante do desafio de pensar outra ecologia midiática. Ela não diz respeito apenas aos meios em si, mas a outro entendimento da ecologia propriamente dita. Catalisada pela "doença do Antropoceno", essa abordagem

---

[79] Renee Obringer et al., "The Overlooked Environmental Footprint of Increasing Internet Use". *Resources, Conservation and Recycling*, n. 167, 1 abr. 2021, p. 1.

ecológica pressupõe sua compreensão de modo transversal. Constitutiva da "multiplicidade de guerras de classe, de raça, de gênero e de subjetividade", [80] ela expande a reflexão sobre a imagem para além da representação e como campo político fulcral das disputas materiais e simbólicas da atualidade.

---

[80] Maurizio Lazzarato e Eric Alliez [2018], *Guerras e Capital*, trad. Pedro Paulo Pimenta. São Paulo: Ubu Editora, 2020, p. 386.

ÍNDICE ONOMÁSTICO

Aarseth, Espen **32**
Agamben, Giorgio **39**
Agassi, Denise **44**
Ahlert, Moritz **115**
Alckmin, Geraldo **41**
Allora, Jennifer e Guillermo Calzadilla **173**
Anastasiou, Alexis **206**
Antonioni, Michelangelo **15, 33**
Appadurai, Arjun **149**
Argan, Giulio Carlo **89**
Assange, Julian **113-14**
Azoulay, Ariella Aïsha **61**

Baio, Cesar **34**
Bambozzi, Lucas **15, 75-76, 157-58**
Barthes, Roland **175, 183, 185**
Batniji, Taysir **167**
Bazichelli, Tatiana **209**
Belting, Hans **148-49**
Benedetti, Raimo **27**
Bentes, Ivana **184**
Bentham, Jeremy **74-75**
Berardi, Franco **150**
Bertillon, Alphonse **61-65**
Biemann, Ursula **173**
Birchall, Clare **56**
Blanes, Jaume Peris **150**
Bolsonaro, Jair Messias **131, 175, 179, 180-84, 190-91, 194, 197, 209**
Bookchin, Natalie **47**
Borges, Jorge Luis **108-10**
Bratton, Benjamin **111**
Bruno, Christophe **134-35**
Bruno, Fernanda **72-73, 103, 118**
Bruns, Axel **43**
Bruscky, Paulo **179**
Büchel, Christoph **164**
Bucher, Taina **73**
Buolamwini, Joy **132**

Burbank, Truman **74**
Bryman, Alan **148**

Cantoni, Rejane **15, 33–35**
Cardos, Rafael **22**
Cascone, Kim **166**
Castells, Manuel **14, 180, 200–01, 206**
Castro, Michelle Jean de e Leonardo Finotti **195–96, 204**
Cattelan, Maurizio **50–52**
Cesarino, Letícia **181**
Chagas, Viktor **186, 188–90**
Cirio, Paolo **112–13**
Clark, Timothy J. **146**
Couldry, Nick **71–72**
Crary, Jonathan **14, 20, 22, 26–27, 36**
Crawford, Kate **126–27, 134, 159**
Crescenti, Leonardo **33–35**
Cronenberg, David **41–42**
Crutzen, Paul **172**

Darwin, Charles **62**
David, Catherine **36**
Danto, Arthur C. **185**
Dawkins, Richard **68, 186–87**

Debord, Guy **36, 56, 179**
Deleuze, Gilles **70–71, 209**
Demos, Thomas J. **172–172, 201, 204**
Derrida, Jacques **13, 191–92**
Deutsche, Rosalyn **99**
Dewey-Hagborg, Heather **119–20**
Didi-Huberman, Georges **36–37, 57, 191, 193**
Druckrey, Timothy **43, 70**
Duarte, Fernanda **118**
Dubois, Philippe **24, 139**
Duchamp, Marcel **29–30**
Dunker, Christian **72–73**

Eckert, Alissa **174**
Eco, Umberto **146**
Eisenman, Peter **164**
Eisenstein, Sergei **15, 29**
Elsaesser, Thomas **25, 88**

Farocki, Harun **15, 75–76, 88**
Feldman, Ilana **183, 191**
Felinto, Erick **37, 48**
Ferrez, Marc **161**
Fire, Arcade **49**
Flemming, Alex **162–63**
Floyd, George **100**

Flusser, Vilém **23, 101**
Fontcuberta, Joan **138**
Forman, Fonna **173**
Foster, Hal **104, 106-07, 141, 156**
Foucault, Michel **12, 14, 20, 61, 70, 78, 192**

Gaensly, Guilherme **161**
Galton, Francis **61-65**
Garbe, Walter **125**
Gilbreth, Frank Bunker e Lillian Moller **21**
Ginzburg, Carlo **21, 109**
Giorno, John **50**
Girls, Tiller **47**
Goldenfein, Jake **139**
Goodfellow, Ian **139**
Grau, Oliver **25, 36**
Greenfield, Adam **96, 102**
Grosser, Ben **56**
Guattari, Félix **71, 159, 209**

Haapoja, Terike **173**
Hamburger, Esther **115, 177, 193**
Han, Byung-Chul **14**
Harari, Yuval **199**

Haraway, Donna **67, 115, 206-07**
Hardt, Michael **200**
Haring, Keith **100**
Harvey, Adam **15, 77, 81, 104-05**
Hausmann, Raoul **31**
Higgins, Dan **174**
Hitchcock, Alfred **205**
Howeler, Eric **73**
Hugo, Pieter **27, 157, 163**
Hui, Yuk **67, 141**
Huhtamo, Erkki **25**
Huyssen, Andreas **149, 156, 161**

Izenour, Steven **89**

Jenkins, Henry **180**
Jeudy, Henri-Pierre **155**; e Berenstein, Paola **155**

Kadlec, Mariana e Milena Szafir **76**
Kantayya, Shalini **132**
Kawamura, Masashi, Qanta Shimizu e Saqoosha **48**
Kember, Sarah **58, 60, 96, 115, 118**

Kimyonghun,
  Shinseungback **75**
Kittler, Friedrich A. **25**
Koblin, Aaron **49**
Kossoy, Boris **89**
Kracauer, Siegfried **47**
Krauss, Rosalind **30**
Krenak, Ailton **194–95**
Kruger, Barbara **117**

Lapenta, Francesco **110**
LaPlace, Jules **77**
Latour, Bruno **121–22, 172**
Lee, Marc **44**
Lee-Morrison, Lila **58**
Lemos, André **42, 91**
Lévy, Pierre **14**
Levin, Thomas Y. **74–75**
Lima, Daniel **178**
Lima, Leandro e Gisela
  Motta **82**
Lissovsky, Mauricio **89**
Lourenço, Maria Cecília
  França **160**
Lovink, Geert **188–89, 208**
Lula da Silva, Luiz Inácio **175**
Lynch, Kevin **89**

Machado, Arlindo **24, 27, 29, 57, 62, 70, 74, 171, 196**
Magritte, René **192**
Malta, Augusto **161**
Manovich, Lev **43, 141**
Marey, Jules **27**
Martí, Silas **163**
Mateus, Samuel **185**
Mattes, Eva e Franco **49, 52**
Mbembe, Achille **195**
Meireles, Cildo **179**
Mediengruppe Bitnik **113–14**
Mejias, Ulises **71–72**
Méliès, Georges **28, 79**
Melitopoulos, Angela **173**
Mensvoort, Koert van **121**
Milk, Chris **49**
Mintz, André **132**
Mitchell, William **24**
Moholy-Nagy, László **29–31**
Moreschi, Bruno **133**
Mori, Masahiro **152–53**
Morozov, Evgeny **55, 102**
Muybridge, Eadweard **26–27**

Negri, Antonio **200**
Noble, Safiya **131**
Nora, Pierre **168**
Novak, Daniel **64–65**

Obama, Barack **136**
Oroza, Ernesto **166**
Ottoni, Ana **29, 89, 162-63**

Paglen, Trevor **15, 88-89, 103-04, 106, 126-27, 134**
Panetta, Francesca **145**
Pedroso, Marcelo **42**
Peixoto, Nelson Brissac **88-89, 162**
Pelbart, Peter Pál **70, 155, 195, 209**
Pereira, Gabriel **133**
Piffer, Marcos **202-04**
Poitras, Laura **87-88**
Polydoro, Felipe da Silva **183**
Prata, Didiana **180**
Proner, Francisco **176**
Public Studio (Elle Flanders e Tamira Sawatzky) **173**

Rancière, Jacques **13, 52, 179, 186, 205**
Read, Mark **98**
Reynolds, Simon **147**
Rezaire, Tabita **167**
Riefenstahl, Leni **47**
Rousseff, Dilma **98, 188**

Safatle, Vladimir **197**
Sanders, Bernie **188**
Santaella, Lucia **122**
Santiago, Daniel **179**
Sassen, Saskia **102, 201**
Scorsese, Martin **27-28, 136**
Scott Brown, Denise **89**
Scott, Ridley **19, 89**
Seelan, Thirun **82**
Sekula, Allan **62-63**
Seung-Hui, Cho **40**
Shapira, Shahak **164**
Sheffer, Emma **51-52**
Shifman, Limor **189**
Sibilia, Paula **46**
Silva, Tarcízio **24, 132, 139, 150, 183**
Smith, George Albert **28**
Snowden, Edward **87-88, 106**
Steyerl, Hito **39, 167, 187**
Sussman, Eve **44**
Szafir, Milena **75-76**

Tracy, Dick **96**
Trump, Donald **63, 119, 131, 136, 188, 209**
Turing, Alan **66-68**
Tuters, Marc **188-89**

Venturi, Robert 89
Vesna, Victoria 44
Villeneuve, Denis 19
Virilio, Paul 31, 78, 82–83, 88, 104, 197, 204

Wang, Philip 137
Warburg, Aby 36–37
Warhol, Andy 11, 50
Warnke, Martin 208
Weckert, Simon 114
Weibel, Peter 26–27, 35, 74
Weiser, Mark 93, 96
Weizman, Eyal 103–05
Williamson, James 28
Wisnik, Guilherme 75
Wodiczko, Krzysztof 98–99

Zer-Aviv, Mushon 65–67
Zuboff, Shoshana 71, 117
Zylinska, Joanna 31–32, 138, 157

SOBRE A AUTORA

Giselle Beiguelman nasceu em São Paulo, em 1962. Formou-se em história na FFLCH-USP em 1984 e doutorou-se em história social pela mesma instituição em 1991. Atua como artista e professora livre-docente da FAU-USP. Promove intervenções artísticas no espaço público e com mídias digitais. Entre seus projetos recentes, destacam-se Memória da Amnésia (2015), Odiolândia (2017), Monumento Nenhum (2019) e nhonhô (com Ilê Sartuzi, 2020). Foi curadora do projeto Arquinterface: A cidade expandida pelas redes (2015). É membro do Laboratório para Outros Urbanismos (FAU-USP) e do laboratório interdisciplinar Image Knowledge, da Humboldt-Universität zu Berlin, e coordenadora do Gaia (Grupo de Arte e Inteligência Artificial do Inova-USP). Suas obras integram acervos de museus no Brasil e no exterior, como o ZKM e o Jewish Museum Berlin, na Alemanha; o Latin American Colection – Essex University, na Inglaterra; o Yad Vashem, em Israel; e o MAR, o MAC-USP e a Pinacoteca de São Paulo, no Brasil. Recebeu da Associação Brasileira dos Críticos de Arte o Prêmio ABCA 2016, na categoria Destaque. Suas pesquisas abordam a produção e a preservação de arte digital; arte e ativismo na cidade; e as estéticas da memória no mundo contemporâneo. Foi editora-chefe da revista *Select* de 2011 a 2014 e é colunista da Rádio USP e da revista *Zum*. Site: desvirtual.com.

OBRAS SELECIONADAS

O livro depois do livro. São Paulo: Peirópolis, 2003.
Link-se: Arte / mídia / política / cibercultura.
São Paulo: Peirópolis, 2005.
Memória da amnésia: Políticas do esquecimento.
São Paulo: Edições Sesc, 2019.
Coronavida: Pandemia, cidade e cultura urbana.
São Paulo: Escola da Cidade, 2020.

As referências visuais citadas ao longos dos ensaios podem ser consultadas no site **politicasdaimagem.ubueditora.com.br**

Para facilitar a leitura, cada abertura de capítulo traz um QR-Code que direciona para suas referências e links. Todas as URLs foram acessadas em junho de 2021.

Como ler um QR-Code?
Aponte a câmera do seu celular em direção ao código. Se nada acontecer, acesse as configurações e habilite a verificação de QR-Codes. Caso não encontre essa opção, você pode baixar um aplicativo gratuito para ler os códigos. Se preferir, digite o link no navegador.

politicasdaimagem.ubueditora.com.br

COLEÇÃO EXIT

Como pensar as questões do século XXI? A coleção Exit é um espaço editorial que busca identificar e analisar criticamente vários temas do mundo contemporâneo. Novas ferramentas das ciências humanas, da arte e da tecnologia são convocadas para reflexões de ponta sobre fenômenos ainda pouco nomeados, com o objetivo de pensar saídas para a complexidade da vida hoje.

LEIA TAMBÉM

*24/7 – capitalismo tardio
e os fins do sono*
Jonathan Crary

*Reinvenção da intimidade –
políticas do sofrimento cotidiano*
Christian Dunker

Os pecados secretos da economia
Deirdre McCloskey

Esperando Foucault, ainda
Marshall Sahlins

Desobedecer
Frédéric Gros

*Big Tech – a ascensão dos dados
e a morte da política*
Evgeny Morozov

Depois do futuro
Franco Berardi

*Diante de Gaia – oito conferências
sobre a natureza no Antropoceno*
Bruno Latour

Tecnodiversidade
Yuk Hui

*Genética neoliberal –
uma crítica antropológica da
psicologia evolucionista*
Susan McKinnon

*Políticas da imagem – vigilância e
resistência na dadosfera*
Giselle Beiguelman

*Happycracia – fabricando
cidadãos felizes*
Edgar Cabanas e Eva Illouz

*O mundo do avesso – Verdade e
política na era digital*
Letícia Cesarino

© Ubu Editora, 2021
© Giselle Beiguelman, 2021

Coordenação editorial FLORENCIA FERRARI
Assistentes editoriais GABRIELA NAIGEBORIN,
    ISABELA SANCHES e JÚLIA KNAIPP
Preparação CACILDA GUERRA
Revisão CLÁUDIA CANTARIN
Projeto gráfico da coleção ELAINE RAMOS e FLÁVIA CASTANHEIRA
Projeto gráfico deste título LIVIA TAKEMURA
Produção gráfica MARINA AMBRASAS

Comercial LUCIANA MAZOLINI
Assistente comercial ANNA FOURNIER
Gestão site / Circuito Ubu BEATRIZ LOURENÇÃO
Criação de conteúdo / Circuito Ubu MARIA CHIARETTI
Assistente Circuito Ubu WALMIR LACERDA
Assistente de comunicação JÚLIA FRANÇA
Atendimento JORDANA SILVA e LAÍS MATIAS

2ª edição, 2023.

UBU EDITORA
Largo do Arouche 161 sobreloja 2
01219 011 São Paulo SP
ubueditora.com.br
professor@ubueditora.com.br
/ubueditora

Dados Internacionais de Catalogação na Publicação (CIP)
Bibliotecário Vagner Rodolfo da Silva – CRB 8/9410

B422p Beiguelman, Giselle
  Políticas da imagem: Vigilância e resistência na
dadosfera. / Giselle Beiguelman. Inclui índice.
  São Paulo: Ubu Editora, 2021. 224 pp. / Coleção Exit
ISBN 978 65 86497 52 6

1. Arte. 2. Artes visuais. 3. Imagem. 4. Cultura digital.
5. Ensaio. I. Título.

2021-2557   CDD 707   CDU 7

Índice para catálogo sistemático:
1. Artes visuais 707 2. Artes 7

FONTES Edita e Capibara
PAPEL Alta alvura 90 g/m²
IMPRESSÃO Margraf

© Ubu Editora, 2017
© Prickly Paradigm Press LCC

Coordenação editorial FLORENCIA FERRARI e GISELA GASPARIAN
Assistente editorial ISABELA SANCHES
Preparação CACILDA GUERRA
Revisão DANIELA UEMURA
Projeto gráfico da coleção ELAINE RAMOS e FLÁVIA CASTANHEIRA
Projeto gráfico deste título LIVIA TAKEMURA
Produção gráfica ALINE VALLI

*Nesta edição, respeitou-se o novo
Acordo Ortográfico da Língua Portuguesa.*

Dados Internacionais de Catalogação na Publicação (CIP)

McCloskey, Deirdre [1942-]
Os pecados secretos da economia / Deirdre McCloskey;
tradução Sergio Flaksman. São Paulo: Ubu Editora, 2017
80 pp.

Título original: The Secret Sins of Economics
ISBN 978 85 92886 54 7

1. Economia. 2. Filosofia. I. Flaksman, Sergio. II. Título.

CDU 33.1

Índice para catálogo sistemático:
1. Economia 33   2. Filosofia 1

UBU EDITORA
Largo do Arouche 161 sobreloja 2
01219 011 São Paulo SP
(11) 3331 2275
ubueditora.com.br

FONTE Edita e Dharma
PAPEL Alta alvura 90 g/m²
IMPRESSÃO Geográfica